化学工业出版社"十四五"普通高等教育规划教材

化工原理实验

邓继勇　颜炜伟　吴小杰　主编

化学工业出版社

·北京·

内容简介

《化工原理实验》是化工与制药、环境、生物工程、材料类等相关专业《化工原理》配套的实验教材，全书共 8 章，包括绪论，实验误差分析，实验数据处理，化工实验测量技术与常用仪表，化工原理仿真实验、基础实验、演示实验和研究性实验等内容，总计 22 个实验，其中化工原理仿真实验 7 个，基础实验 8 个，演示实验 4 个，研究性实验 3 个。每个实验包括实验目的、实验内容、实验原理、实验装置和流程、实验操作步骤及注意事项、实验数据处理等内容，涵盖了化工原理实验教学大纲要求的所有实验项目。本书突出化工原理实验的基础性、工程性和安全性等特点，重点提升学生在实践基础上发现问题、分析问题、解决问题的能力以及创新能力。

《化工原理实验》可用作化工类、材料类、生物工程等专业的实验教材，也可供化工行业人员参考使用。

图书在版编目（CIP）数据

化工原理实验 / 邓继勇，颜炜伟，吴小杰主编.
北京：化学工业出版社，2025. 8. --（化学工业出版社
"十四五"普通高等教育规划教材）. -- ISBN 978-7
-122-48345-4

Ⅰ．TQ02-33

中国国家版本馆 CIP 数据核字第 2025SV8621 号

责任编辑：汪　靓　　　　　　　文字编辑：王晶晶　师明远
责任校对：李露洁　　　　　　　装帧设计：韩　飞

出版发行：化学工业出版社
　　　　　（北京市东城区青年湖南街 13 号　邮政编码 100011）
印　　装：北京云浩印刷有限责任公司
787mm×1092mm　1/16　印张 8¾　字数 202 千字
2025 年 8 月北京第 1 版第 1 次印刷

购书咨询：010-64518888　　　　　售后服务：010-64518899
网　　址：http://www.cip.com.cn
凡购买本书，如有缺损质量问题，本社销售中心负责调换。

定　　价：28.00 元　　　　　　　　版权所有　违者必究

《化工原理实验》
编写人员名单

主　编	邓继勇	颜炜伟	吴小杰
副主编	邓人杰	廖灿明	颜　东
编写人员	邓继勇	颜炜伟	吴小杰
	邓人杰	廖灿明	颜　东
	刘华杰	李泳霖	崔海帅
	程　敏	魏亚南	

前言

化工原理主要研究化工生产过程中常用物理单元操作的基本理论及典型设备，是一门实践性很强的专业基础课程。化工原理实验则是学习、掌握和运用这门课程必不可少的重要环节，是理论课堂教学的继续补充和深化，它与理论讲授、课程设计等教学环节构成一个有机整体，具有直观性、实践性、综合性、探索性和启发性。随着学校新工科建设不断纵深发展，校企联合开发课程及教材建设得到了学校的大力支持。本书是湖南工程学院化工原理课程组结合多年从事化工原理及实验教学的经验和成果，以及校企多年合作联合开发的多个单元组合实验装置，以面向学生化工单元工程实践操作能力培养为导向，在原校编的化工原理实验指导讲义基础上修订而成。

本书以工程问题的实验研究方法为主线，注重实验教材的实践性和单元操作的工程性，在内容的编排取材上注重理论联系实际和运用实验方法解决工程问题，紧密结合计算机技术和软件的应用，如设置了化工原理仿真实验，每个基础实验项目编排操作流程二维码动画及讲解，供学生实验操作前预习和课后复习。对于综合性较强、涉及内容较多的化工单元操作，设置了研究性实验供学生参考，培养学生工程实验的设计、组织实施、实验操作、数据处理等工程能力以及严谨的科学态度和工程观念，提高学生解决复杂工程问题的能力和创新能力。

本书第1章由邓继勇编写；第2章由崔海帅、刘华杰编写；第3章由邓人杰编写；第4章由李泳霖、刘华杰编写；第5章由颜东、邓继勇编写；第6章和第7章由颜炜伟、程敏、吴小杰、邓继勇编写；第8章由吴小杰、颜炜伟、程敏编写；全书由湖南工程学院化工原理课程组老师统一整理校对。本书的出版得到了湖南工程学院化学工程与工艺国家一流专业建设基金资助，得到了湘潭金凯化工装备技术有限公司以及东方仿真的大力支持，同时湘潭大学、湖南科技大学、南华大学等兄弟院校的化工专业老师也给予了大量指导和帮助，在此一并表示感谢！

本书在编写过程中，参阅了有关兄弟院校的教材资料，由于篇幅所限，未能一一列举，谨此说明并表示衷心感谢。由于时间仓促，加之编者水平有限，书中不妥之处在所难免，敬请批评指正！

2025 年 1 月
湖南工程学院

目录

第1章

绪　论

1.1　化工原理实验的教学目的

化工原理主要研究化工生产过程中常用物理单元操作的基本理论及典型设备，是一门实践性很强的专业基础课程。化工原理实验则是学习、掌握和运用这门课程必不可少的重要环节，它与理论讲授、课程设计等教学环节构成一个有机整体。化工原理实验与一般化学实验不同之处在于它具有明显的工程特点，它所得到的结论对于化工单元操作设备的设计具有极为重要的指导意义。

① 验证化工过程的基本理论，并在运用理论分析实验的过程中，使理论知识得到进一步的理解和巩固。

化工原理课程中涉及了许多基本概念、基本理论、公式，如果只从书本上去理解则难度大，而且印象不深，学生缺乏运用所学的知识解决实际问题的能力。通过化工原理实验，可以使学生对基本概念、基本理论的理解更进一步，对公式中各种参数的来源及使用范围有更深入的认识；促使学生理论联系实际，运用所学理论去指导实验工作，并能预测某些参数的变化对过程的影响。

② 帮助学生掌握化工原理的实验技术和处理工程问题的方法，能识别和判断复杂化学工程问题的关键环节，并正确整理实验数据。

对于特定的工程问题，使学生学会如何组织实验，为将来进行科学研究打下基础非常重要。化工原理实验正是通过实验研究的全过程培养学生的多种能力，经过各种实验促使学生掌握实验的技能，达到在今后的工作中独立从事科学研究和技术开发工作的要求。这些实验的过程包括：组织实施实验方案、安全开展实验、正确使用测量仪表测量工程实验中的参数并正确采集和处理实验数据、撰写实验报告。

③ 培养学生实事求是，严肃认真的学习态度。

实验研究主要通过实验来获取有益的结论，这就要求学生在实验中实事求是、一丝不苟，以严肃、认真的态度对待实验中的各个环节。如果粗心大意、应付了事，不仅得不到理想的实验结果，还可能造成设备损坏或人身事故。因此，每个学生在实验中要正确记录实验现象，既动手，又动脑，不允许出现违章操作。

1.2　化工原理实验教学环节及要求

（1）实验前的预习

学生实验前必须认真阅读实验讲义和教材中有关理论部分，正确理解实验目的、要求和所依据的原理，熟悉实验装置的流程、结构以及测试仪器及仪表的使用方法，掌握实验操作步骤、测量记录和整理数据的方法，画出实验记录的数据表格，对实验中可能发生的故障及其排除方法等力求做到心中有数。实验小组成员共同进行同一实验项目，要求每组同学在实验前讨论并拟订实验方案，做到分工明确。

（2）实验中的操作

实验操作是动手动脑的重要过程，学生一定要按照操作规程全神贯注地开展实验，要安排好测量点的范围、测点数目、哪些地方测点需密集等。调试时要细心，操作平稳。对于实验过程中的现象和仪表的读数变化要仔细观察，实验数据记录在表格内，并注明单位、条件。要在实验记录本上认真细致地记录原始数据及有关实验现象，并进行理论联系实际的思考。

（3）实验后的总结

实验总结是以实验报告的形式完成的。实验报告是一项技术文件，是学生用文字表达技术资料的一种训练，因此必须用准确的数字、规范的科学用语来书写。在报告中做到层次分明、表达清楚、图表清晰、数据完整、结论正确、有讨论、有分析，得出的公式、曲线或图形有明确的使用条件，为今后写好研究报告和科研论文打好基础。实验报告内容可在预习报告的基础上完成，应避免单纯填写表格的方式，而应由学生自行撰写成文，它包括以下内容：

① 报告的题目；

② 实验时间、报告人、同组人；

③ 实验目的和原理；

④ 实验装置示意图及主要测试仪表；

⑤ 实验数据及数据处理（包括一个计算示例）；

⑥ 实验结果及讨论。

1.3　化工原理实验安全知识

1.3.1　化工原理实验安全注意事项

① 进入实验室必须遵守实验室的各项规定，严格执行操作规程，了解潜在的安全隐

患和应急方法，采取适当的安全防护措施。

② 保证实验室观察窗的可视性，门口需张贴安全信息牌，并及时更新相关信息。

③ 保持实验室整洁和地面干燥，及时清理废旧实验物品。

④ 实验过程中人员不得随意离岗，进行危险实验时，必须有 2 人同时在场。

⑤ 禁止在实验室内吸烟、进食、睡觉、烤火、使用燃烧型蚊香等，禁止放置与实验无关的物品。

⑥ 实验结束后，离开实验室时应关闭水、电、气、门窗等。

⑦ 仪器设备原则上不开机过夜，确有需要，必须采取必要的预防措施。

⑧ 发现安全隐患或发生实验室事故，应及时采取措施，并报告指导教师或实验室负责人。

1.3.2　高压气瓶安全使用知识

化工原理实验中所用的高压气体种类较多，一类是具有刺激性气味的气体，如吸收实验中的氨、二氧化硫等，这类气体的泄漏一般容易被发觉；另一类是无色无味，但有毒或易燃、易爆的气体，如常作为色谱载气的氢气，其室温下在空气中的爆炸范围为 $4\%\sim75.6\%$（体积分数）。因此，使用有毒或易燃、易爆气体时，系统一定要严格保证不漏气，尾气要导出室外，并注意室内通风。

高压气瓶（又称气瓶）是一种储存各种压缩气体或液化气体的高压容器。实验室用气瓶的容积一般为 $40\sim60L$，一般最高工作压力为 $15MPa$，最低的也在 $0.6MPa$ 以上。瓶内压力很高，储存的气体可能有毒或易燃、易爆，故使用气瓶时一定要掌握气瓶的构造特点和安全知识，以确保安全。

气瓶主要由筒体和瓶阀构成，附件有保护瓶阀的安全帽、开启瓶阀的手轮以及使运输过程减少震动的橡皮圈。在使用时瓶阀的出口还要连接减压阀和压力表。标准高压气瓶是按国家标准制造的，经有关部门严格检验后方可使用。各种气瓶在使用过程中必须定期送有关部门进行水压试验。检验合格的气瓶应该在瓶肩上用钢印打上下列资料：制造厂家、制造日期、气瓶的型号和编号、气瓶的重量、气瓶的容积和工作压力、水压试验的压力、水压试验的日期和下次试验的日期。

各类气瓶的表面都应涂上一定的油漆，其目的不仅是防锈，而且能使人从颜色上迅速辨别钢瓶中所储存气体的种类，以免混淆。如：氧气瓶为浅蓝色，氢气瓶为淡绿色，压缩空气、氮气等钢瓶为黑色，二氧化碳气瓶为铝白色，二氧化硫气瓶为银灰色，氨气瓶为黄色，氯气瓶为深绿色，乙炔瓶为白色等。

为了确保安全，在使用气瓶时一定要注意以下几点：

① 使用高压气瓶的主要危险是气瓶可能爆炸和漏气。若气瓶受日光直晒或靠近热源，瓶内气体受热膨胀，以致压力超过气瓶的耐压强度时，容易引起气瓶爆炸。另外，可燃性压缩气体漏气也会造成危险。应尽可能避免氧气气瓶和可燃性气体气瓶放在同一个房间使用（如氢气气瓶和氧气气瓶），因为两种气瓶同时漏气时更易引起着火和爆炸。如氢气泄漏时，氢气与空气混合后浓度达到 $4\%\sim7.2\%$ 时遇明火会发生爆炸。按规定，可燃性气

体气瓶与明火的距离应在 10m 以上。

② 搬运气瓶时应戴好气瓶帽和橡胶安全圈，严防气瓶摔倒或受到撞击，以免发生意外爆炸事故。使用气瓶时必须将其牢靠地固定在气瓶柜、架子上、墙上或实验台旁。

③ 绝不可把油或其他易燃性有机物黏附在气瓶上（特别是出口和气压表处）；也不可用麻、棉等堵漏，以防燃烧引起事故。

④ 使用气瓶时一定要用气压表，而且各种气压表一般不能混用。一般可燃性气体的气瓶气门螺纹是反向的（如 H_2、C_2H_2），不燃或助燃性气体的气瓶气门螺纹是正向的（如 N_2）。

⑤ 使用气瓶时必须连接减压阀或高压调节阀，不经这些部件而让系统直接与气瓶连接是十分危险的。

⑥ 开启气瓶阀门及调压时，人不要站在气体出口的前方，头不要在瓶口之上，而应在气瓶侧面，以防气瓶的总阀门或气压表冲出伤人。

⑦ 当气瓶使用到瓶内压力为 0.5MPa 时，应停止使用。压力过低会给充气带来不安全因素；当气瓶内压力与外界压力相同时，会造成空气进入。

1.3.3　实验室安全消防知识

在任何一个高校、科研院所、企事业单位，化学或化工类实验室均是防火的重点场所。从消防安全角度出发，该类实验室均需要配有安全消防系统，人员应掌握火灾预防措施以及发生火灾的处理方法。

（1）实验室安全消防系统

化工实验室安全消防系统应具备以下几个方面：

① 火灾报警系统。火灾报警系统主要包括：感温或感烟检测器、报警器及应急广播等。在实验室内应根据需要设置火灾探测器，如感温或感烟检测器、报警器，这样即使是在无人值守的情况下也可探知火灾事故的发生。在实验室或者疏散通道等处设置手动报警器和应急广播，如发生火灾事故，可及时发出警报，使人员进行紧急疏散。

② 灭火系统。化工实验室设置的排烟系统和水喷淋系统可与感温或感烟检测器等进行联动控制。当感温或感烟检测器报警后，实验室的排烟系统和水喷淋系统可自动开启。

③ 其他灭火器材。每个化工实验室应根据面积大小、设备类型和使用的化学品按照要求配备灭火器、灭火毯和沙箱，并在每层实验楼楼道中设置微型消防站。

（2）实验室防火措施

① 实验室内必须存放一定数量的消防器材，消防器材必须放置在便于取用的明显位置，专人管理，不准随意挪用，消防器材应按要求定期检查更换。

② 实验室内物品必须分类存放，不得随意堆放，确保实验室内外的消防通道畅通，主要通道的宽度一般不少于 1.5m；实验室内存放的一切易燃、易爆物品（如氢气、氧气等）必须与火源、电源保持一定距离。

③ 实验室的电器设备和线路、插头插座应经常检查，保持完好状态，发现可能引起火花、短路、发热和绝缘破损、老化等情况，必须通知电工进行修理。

④ 实验室内未经批准、备案不得使用大功率用电设备，以免超出用电负荷；实验室内不得乱接乱拉电线，不得有裸露的电线头，严禁用金属丝代替保险丝。

⑤ 实验室内严禁吸烟和明火采暖。

⑥ 实验结束后，需协助教师对实验室进行安全检查，切断电源，关闭门窗，确认安全后方可离开。

（3）发生火灾处理方法

① 当发生火灾时应视火势情况及时向周围人员和学校保卫处报警，若火势严重需立即向消防队报警。

当向周围人员和学校保卫处报警时，应尽量告知什么地方着火、什么东西着火，要向灭火人员指明着火点的位置，向需要疏散的人员指明疏散的通道和方向。

当向消防队报警时直接拨打 119 火警电话，讲明发生火灾的单位、地点，什么东西着火，火势大小，是否有人被困，有无爆炸危险物品、放射性物质等情况，还要讲清报警人姓名、单位和联系电话，注意倾听消防队的询问，并准确、简洁地回答。报警后应立即派人到单位门口或交叉路口迎接消防车，并带领消防队迅速赶到火场。

② 扑灭初起之火。火灾的发展分为初起、发展、猛烈、下降和熄灭五个阶段，火灾初起阶段燃烧面积不大、火焰不高、辐射热不强、火势发展比较缓慢，如发现及时，用简单的灭火器材就能很快地把火扑灭，这个阶段是扑灭火灾的最佳时机，在报警的同时要分秒必争把火灾消灭在初起阶段。

③ 火灾中的自救。火灾中的人员伤亡多发生在楼上，或因逃生困难，或因烟气窒息，或者被迫跳楼等。那么发生火灾时应如何自救呢？如果楼梯已经着火但火势尚不猛烈，这时可用温棉被、毯子裹在身上从火中冲过去；如果火势很大则应寻找其他途径逃生，如利用阳台滑向下一层越向邻近房间，从屋顶逃生或顺着水管等落向地面；如果没有逃生之路，而所有房间离燃烧点还有一段距离则可退居室内，关闭通往火区的所有门窗，有条件时还可向门窗洒水或用碎布等塞住门缝，以延缓火势蔓延过程，等待救援；要设法发出求救信号，可向外打手电或抛出小的、软的物件，避免叫喊时救援人员听不见；如果火势逼近又无其他逃生之路时，也不要仓促跳楼，可在窗上系上绳子，也可临时撕扯窗帘等连接起来顺着绳子下滑。

④ 灭火方法。明确灭火的基本方法，按照应急处置程序采用适当的消防器材进行灭火。木材、布料、纸张、橡胶以及塑料等固体可燃材料的火灾可采用水冷却法灭火；珍贵图书、档案应使用二氧化碳、干粉灭火器灭火；易燃可燃液体、易燃气体和油脂类等化学药品火灾应使用大剂量泡沫灭火器、干粉灭火器灭火；带电电气设备火灾应切断电源后再灭火，如因现场情况及其他原因不能断电需要带电灭火时，应使用沙子或干粉灭火器，不能使用泡沫灭火器或水；可燃金属如镁、钠、钾及其合金等火灾应用特殊的灭火器，如干砂或干粉灭火器等来灭火。

第2章

实验误差分析

2.1 误差的基本概念

在化工基础实验中，通过使用各种仪器和设备对研究对象进行直接或间接的观察和测量。然而，由于实验方法的不完善、实验设备的限制、环境因素的影响以及人为观察的偏差等原因，得到的实验数据与真实值之间总会存在一定的差距，这就是所谓的误差。

误差的存在是客观的，是无法完全避免的。为了尽可能减小或消除误差，需要对实验过程中的误差进行深入研究。通过对误差的估计和分析，可以了解到误差的来源和影响，找出导致总体误差的主要因素。这样，在制定实验方案时，就可以合理安排实验流程，选择合适的仪器和测量方法，尽可能地减少或消除产生误差的因素，从而提高实验的精密度和可靠性。

2.2 实验数据的误差

2.2.1 直接测量和间接测量

测量方法可以分为直接测量和间接测量两大类。直接测量是指可以直接从仪器或仪表上读取数据的测量方式。例如，使用米尺来测量物体的长度，用秒表来记录时间，或者使用温度计和压力表来分别测定温度和压力。这些都是直接测量的例子，因为所测得的数值直接由测量设备提供，无需进一步的计算。

相反，间接测量则涉及通过直接测量得到的数据，然后根据某个数学关系式进行计算，以得出所需的测量结果。举例来说，如果要测定一个圆柱体的体积，首先直接测量其

直径 D 和高度 H，随后利用公式 $V=\pi D^2 H/4$ 计算出体积 V。在这个例子中，体积 V 是通过间接测量得到的物理量。

在化工基础实验中，很多测量通常是间接测量，因为直接测量往往无法提供所需的信息，而必须通过一系列计算才能对物质性质或系统行为有更深入的了解。

2.2.2　真值与平均值

在测量理论中，真值（true value）和平均值（mean value）是两个重要的概念，它们在数据分析和误差评估中扮演着关键角色。

（1）真值

真值是指物理量客观存在的确定值，它是一个理想值，通常无法直接测量得到。真值是一个理论上的概念，代表了一个物理量在没有任何误差影响下的真实数值。在实际实验中，真值是不可知的，因此通常需要通过其他方法来估计或近似。

（2）平均值

平均值是对同一物理量进行多次测量后，所有测量结果的算术平均。当测量次数无限多时，若正负误差出现的概率相同，则测定结果的平均值可以无限趋近于真值。在实际实验中，由于测量次数是有限的，平均值只能近似地接近于真值。平均值是实验中用来估计真值的一个实用指标，它可以减少随机误差的影响。在实验误差分析中，通常用平均值来代替真值，因为真值本身是无法直接获得的。平均值的精确度随着测量次数的增加而提高，但由于系统误差和随机误差的存在，平均值总是存在一定的偏差。因此，平均值是对真值的最佳估计，但并非完全等同于真值。

在分析实验误差时，一般用如下值代替真值。

① 理论真值：这种真值可以通过理论推导得出，并且被证实为准确无误。例如，平面三角形内角之和恒等于 180°；或者由国际计量大会决议确定的值，如热力学温度计的零点——绝对零度等于 $-273.15℃$；还包括一些通过理论公式计算得到的值。

② 相对真值：在某些情况下，我们可能会使用精度更高的仪器来测量某个物理量，并将这个高精度仪器的测量值作为参考标准，即相对真值。例如，使用高精度涡轮流量计测得的流量值，可以作为相对于普通流量计测量值的真值。

③ 平均值：通过对某个物理量进行多次测量，然后计算得到平均值，我们可以用这个平均值来代替真值。如果测量次数无限多，那么计算出的平均值将非常接近真值。但实际上，由于测量次数是有限的（例如 10 次），所得到的平均值只能作为一个近似值，接近于真值。

2.2.3　误差的定义

误差是实验测量值（包括直接和间接测量值）与真值之差，可表示为：
$$误差=测量值-真值$$
误差的大小表示每一次测得的值相对于真值不符合的程度。

2.2.4 误差的表示方法

（1）绝对误差和相对误差

测量值 x 与真值 A 之差的绝对值称为绝对误差 $D(x)$，即

$$D(x)=|x-A| \tag{2-1}$$

绝对误差是指在测量过程中，测量值与真实值之间的差值，它反映了测量值偏离真实值的具体数值。例如，如果一个物体的长度被测量为 105cm，而其真实长度是 100cm，则绝对误差为 5cm。

在工程计算中，真值常用平均值 $\overline{x}$ 或相对真值代替，则式（2-1）可写为：

$$D(x)=|x-\overline{x}| \tag{2-2}$$

绝对误差虽然很重要，但仅用它不足以说明测量的准确程度。换句话说，它不能给出测量准确与否的完整概念。此外，有时测量得到相同的绝对误差可能导致准确度完全不同的结果。例如，在称量一个重 200kg 的物体时，如果绝对误差为 1g，这意味着在一个非常大的数值上的微小偏差，相对误差非常小，因此可以认为是一个非常准确的测量。然而，在称量一个仅重 2g 的物体时，同样的绝对误差 1g，就会导致相对误差达到 50%，这样的测量结果就不那么可靠了。

为了解决这个问题，我们引入了相对误差的概念，它通过将绝对误差与被测量的真实值进行比较，来提供一个标准化的准确度评估。

绝对误差 $D(x)$ 与真值的绝对值之比称为相对误差，其表达式为：

$$E_r(x)=\frac{D(x)}{|A|} \tag{2-3}$$

用平均值代替真值（$\overline{x} \approx A$），则

$$E_r(x) \approx \frac{D(x)}{|\overline{x}|}=\frac{|x-\overline{x}|}{|\overline{x}|} \tag{2-4}$$

测量值

$$x=\overline{x}[1 \pm E_r(x)] \tag{2-5}$$

需要注意，绝对误差是有量纲的值，相对误差是无量纲的真分数。在化工实验中，相对误差常常表示为百分数（%）、千分数（‰）。在上述例子中，相对误差是绝对误差 5cm 除以真实长度 100cm，即 0.05 或者 5%。

（2）算术平均误差和标准误差

① 算术平均误差通常指的是一组测量值随机误差的算术平均值，它反映了测量结果偏离真实值的平均程度。在等精度测量中，n 次测量值的算术平均误差为：

$$\delta=\frac{\sum\limits_{i=1}^{n}|x_i-\overline{x}|}{n} \tag{2-6}$$

式中，x_i 是第 i 次测量的误差；n 是测量的次数。

上式的分子应取绝对值，否则一组测量值（$x_i-\overline{x}$）的代数和必为零。

② 标准误差是描述样本数据波动性的一个量，它是样本中各数据偏离其平均值的距

离平方和的平均数的平方根，也就是均方根误差。标准误差可以用来衡量样本均值作为总体均值估计的可靠程度。

n 次测量值的标准误差（亦称均方根误差）为

$$\sigma = \sqrt{\frac{\sum_{i=1}^{n}(x_i - \overline{x})^2}{n-1}} \tag{2-7}$$

总的来说，算术平均误差关注的是误差的平均水平，而标准误差关注的是样本数据的波动性。在实际应用中，算术平均误差和标准误差都是衡量数据准确性的重要指标，但它们适用于不同的场景和目的。

【例 2-1】 某次测量得到下列两组数据（单位为 cm）。

A 组：4.3　　4.4　　4.2　　4.1　　4.0
B 组：3.9　　4.2　　4.2　　4.5　　4.2

求各组的算术平均误差与标准误差。

（1）算术平均误差

首先，需要计算平均值（均值）：

$$\overline{x}_A = \frac{4.3+4.4+4.2+4.1+4.0}{5} = 4.2$$

$$\overline{x}_B = \frac{3.9+4.2+4.2+4.5+4.2}{5} = 4.2$$

然后，计算每个数据与平均值之差的绝对值并求和并除以数据数量：

$$\delta_A = \frac{0.1+0.2+0.0+0.1+0.2}{5} = 0.12$$

$$\delta_B = \frac{0.3+0.0+0.0+0.3+0.0}{5} = 0.12$$

（2）标准误差

$$\sigma_A = \sqrt{\frac{0.1^2+0.2^2+0.1^2+0.2^2}{5-1}} \approx 0.16$$

$$\sigma_B = \sqrt{\frac{0.3^2+0.3^2}{5-1}} \approx 0.21$$

由上例可见，尽管两组数据的算术平均值相同，但它们的离散情况明显不同。由计算结果可知，只有标准误差能反映出数据的离散程度。实验愈准确，标准误差愈小，因此标准误差通常被作为评定 n 次测量值随机误差大小的标准，在化工实验中广泛应用。

2.2.5　误差的分类

（1）系统误差

系统误差是由某些固定不变的因素引起的。在相同条件下进行多次测量，其误差数值大小、正负保持恒定，或随条件改变按一定规律变化。有的系统误差随时间呈线性、非线性或周期性变化，有的不随时间变化。产生系统误差的原因有：①测量仪器方面的因素

（仪器设计上的缺点、零件制造不标准、安装不正确、未经校准等）；②环境因素（外界温度、湿度及压力变化）；③测量方法因素（近似的测量方法或近似的计算公式等）；④测量人员的习惯偏向等。总之，系统误差有固定的偏向和确定的规律，一般可根据具体原因采取相应措施给予校正或用修正公式加以消除。

（2）随机误差

随机误差是由某些不易控制的因素造成的。在相同条件下进行多次测量，其数值大小、正负是不确定的，即时大时小、时正时负，无固定大小和偏向。随机误差服从统计规律，与测量次数有关。随着测量次数的增加，随机误差可以减小，但不会消除。因此，多次测量值的算术平均值接近于真值。研究随机误差可采用概率统计方法。

（3）粗大误差

粗大误差是与实际明显不符的误差，主要由实验人员粗心大意，如读数错误、记录错误或操作失败所致。这类误差往往很大，应在整理数据时将相应的数据加以剔除。

（4）舍入误差

在进行数值计算时，由于数字位数的限制而对数值进行舍入处理所产生的误差。

让我们通过一个具体的例子来分析误差。

【例 2-2】 测量一张桌子的长度。

假设我们想要确定一张桌子的长度，使用一卷尺来进行测量。

真值：桌子长度的真实值，通常无法直接得知。

测量过程：

第一次测量得到桌子长度为 120cm。

第二次测量得到桌子长度为 119cm。

第三次测量得到桌子长度为 121cm。

平均值：三次测量的平均值是 $(120+119+121)/3=120(cm)$。

误差分析：

随机误差：每次测量结果的差异可能是由卷尺的微小移动、读数的视差或桌面不平造成的。这些误差随机出现，可以通过多次测量并取平均值来减小其影响。

系统误差：如果卷尺校准不准确导致总是偏小或偏大，或者使用方法不当（如卷尺末端不是垂直于桌子边缘），则会产生系统误差。这种误差会使得所有测量值都偏离真值一个固定量。

粗大误差：如果某次测量中读数错误，比如误读为 125cm 而不是 120cm，那么这个值应该被剔除，因为它与其他值相比显著不同。

舍入误差：若我们在测量时只保留了整数部分而忽略了小数部分，就可能产生舍入误差。例如，实际测量值为 120.2cm，但记录为 120cm。

结论：

在上述测量过程中，得到的平均值是 120cm。可以认为这个值是对桌子真实长度的最佳估计。

为了提高测量的准确性，可以采取措施减小随机误差和系统误差，比如使用更精确的测量工具、确保工具的正确使用、增加测量次数以及进行适当的数据预处理和分析。

通过这个例子，可以看到在实际的测量过程中，了解和分析不同类型的误差对于提高数据质量多么重要。

2.2.6   精密度、正确度和准确度

测量的质量和水平可用误差的概念来描述，也可用准确度等概念来描述。为了指明误差的来源和性质，通常用到以下 3 个概念。

（1）精密度

精密度是指测量结果之间的一致性或重复性。当多次测量同一个量得到的结果非常接近时，称这些测量具有高精密度。高精密度意味着测量数据的分散程度小，即测量值围绕某个中心点的波动较小。精密度仅关注测量值的一致性，而与真实值无关。它可以反映随机误差的影响程度，精密度高即随机误差小。如果实验的相对误差为 0.01%，且误差仅由随机误差引起，则可认为精密度为 10^{-4}。

（2）正确度

正确度是指测量结果的平均值接近真实值的程度。如果一个测量系统有偏差，但偏差是稳定的，那么该系统可以说是正确的。正确度关注的是系统误差，即测量值系统性地偏离真实值。正确度并不涉及随机误差的影响，因此一个具有良好正确度的测量系统可能由于随机误差的存在而不具备高精密度。如果实验的相对误差为 0.01%，且误差仅由系统误差引起，则可认为正确度为 10^{-4}。

（3）准确度

准确度是精密度和正确度的综合，它要求测量结果既具有良好的精密度，也要有良好的正确度。一个准确的测量系统能够提供接近真实值的测量结果，并且这些结果之间的差异很小。准确度同时受到随机误差和系统误差的影响，只有当这两种误差都被最小化时，才能获得高准确度的测量结果。因此，准确度表示测量结果对真值的逼近程度。如果实验的相对误差为 0.01%，且误差由系统误差和随机误差共同引起，则可认为准确度为 10^{-4}。

总的来说，精密度、正确度和准确度都是评价测量质量的重要指标。精密度主要关注测量结果之间的一致性，正确度关注测量结果是否无偏倚，而准确度则是这两者的综合，要求测量结果既一致又无偏倚。对于实验或测量来说，精密度高，正确度不一定高；正确度高，精密度也不一定高；但准确度高，必定精密度与正确度都高。在实际应用中，我们需要同时考虑这三个因素来评估测量系统的效能。

2.3   实验数据的有效数字

2.3.1   有效数字

有效数字的概念在科学研究和技术领域中非常重要，它涉及测量的准确度和数值的可信度。

（1）有效数字的定义和组成

有效数字包括所有已知的数字加上一个估算的不确定数字。在数值中，第一个非零数字以及之后的所有数字都被认为是有效的。有效数字由以下两部分构成。

① 可靠数字：直接读出的数字，不含有任何估计或近似。例如，在测量 5.15cm 的长度（精度 0.1cm）时，个位数 "5" 和 "1" 是可靠数字。

② 存疑数字：通过估计得到的数字，可能不是完全准确的。例如，上述测量中的第 2 个 "5" 就是存疑数字。

（2）有效数字的确定

在实验中，无论是直接测量的数据还是计算结果，用几位有效数字加以表示都是一项很重要的事。有人认为，小数点后面的数字越多就越准确，或者运算结果保留的位数越多就越准确。其实这是错误的想法，原因如下。其一，数据的小数点位置与测量单位有关，改变单位可能会移动小数点的位置，但不会改变数值的有效数字或准确度。例如，35.6mm 和 0.0356m 表示相同的长度，只是单位不同（mm 与 m）。这两个数值都有 3 位有效数字，并且准确度相同。其二，任何测量仪器都有其精度限制。例如，如果使用最小分度为 1mm 的标尺，那么读数通常可以估计到 0.1mm。这意味着，即使实际读数可能是 35.6mm，我们也只能确信到 35mm（因为 0.1mm 是估计的），所以有效数字是 3 位。

实验数据（包括计算结果）的准确度取决于有效数字的位数，而有效数字的位数又由仪器仪表的准确度决定。换言之，实验数据的有效数字位数必须反映仪器仪表的准确度和存在疑问的数字位置。

① 前导零的作用：出现在非零数字之前的零不计入有效数字。例如，在 0.00234m 中，前面的三个零不是有效数字，它们只是表明小数点的位置。如果以 mm 为单位，则表示为 2.34mm，其中有效数字为 3 位。

② 尾随零的作用：出现在非零数字之后的零可能是也可能不是有效数字。这取决于这些零是否是为了定位小数点而添加的，还是实际测量的一部分。例如，3010 可能有 4 位（3.010×10^3）或 3 位（3.01×10^3）有效数字，具体取决于最后一个零是否具有意义。

③ 科学记数法的使用：科学记数法是一种表达数字的方式，特别适用于表示非常大或非常小的数值。在科学记数法中，数字被写成一个 1 到 10 之间的数字乘以 10 的幂。这种格式清楚地显示了所有的有效数字。例如，若 3010 的有效数字为 4 位，则可写成 3.010×10^3。有效数字为 3 位的数 420000 可写成 4.20×10^5，0.000522 可写成 5.22×10^{-4}。这种记数法的特点是小数点前面永远是一位非零数字，"×" 号前面的数字都为有效数字。用科学记数法表示的数字，有效数字位数一目了然。

2.3.2　数字舍入规则

对于位数很多的近似数，当确定了要保留的有效数字位数后，需要按照一定的舍入规则来处理多余的数字。以下是具体的舍入规则：

① 末位加 1：如果被舍去部分的数值大于保留部分最末位数值的一半，那么保留部分的最末位数值需要加 1。

② 末位不变：如果被舍去部分的数值小于保留部分最末位数值的一半，那么保留部分的最末位数值保持不变。

③ 末位凑成偶数：如果被舍去部分的数值正好等于保留部分最末位数值的一半，这时需要考虑最末位数值的奇偶性。如果最末位是偶数，则保持不变；如果是奇数，则需要加 1，以使末位变成偶数。

这种舍入方法是一种较为精确的舍入方式，旨在减少舍入操作对结果产生的影响。总的来说，在实际应用中，使用这种方法可以帮助我们得到一个既符合有效数字要求，又尽可能接近原始数据的数值。

2.3.3　直接测量值的有效数字

在处理直接测量值时，有效数字的确定非常关键，因为它们反映了测量的精确度和可信度。以下是关于直接测量值的有效数字的一些注意事项。

① 最小分度与有效数字：温度计或其他测量工具的最小分度（也称为分辨率或精度）决定了可以读取的最精细的数值。有效数字应该包括全部能够从测量设备上清晰读出的数字，再加上一位估计的数字。例如，如果温度计的最小分度是 1℃，则读取的值可能是 15.7℃，其中"7"是估计的数字。

② 记录方式：当测量值恰好在最小分度值上时，如 15℃，为了保留一位估计的数字，应将其记为 15.0℃。这确保了有效数字的正确计数，并表明该值具有 3 位有效数字。

③ 不使用不确定的数字：不应在测量值中包含任何不确定的数字，如"0"在刻度之间的位置不明确时应避免使用。

④ 科学记数法：当测量值非常大或非常小时，通常使用科学记数法来表达，此时确保只有一位估计的数字，并且这个数字位于小数点后的第一位。

⑤ 修约规则：当需要减少显示的有效数字位数时，应根据上述提到的舍入规则进行修约。

⑥ 仪器误差：理解测量工具自身的精度限制也很重要。一个仪器可能无法提供超出其设计精度的可靠数据。因此，所记录的有效数字不应超过仪器的测量能力。

⑦ 记录和报告：在记录和报告测量结果时，始终要清晰地标明有效数字的位数，以传达测量的准确性和可靠性。

总的来说，在记录直接测量值时，重要的是要确保所有记录的数字都是有意义的，这包括所有可以从设备上直接读取的数字加上一个估计的数字。正确理解和应用有效数字的概念对于科学实验和数据分析至关重要。

2.3.4　非直接测量值的有效数字

在科学计算和工程实践中，有效数字的处理对于确保结果的准确性和可靠性至关重要。以下是关于有效数字处理的一些指导原则。

① 常数和因子的有效数字：当进行计算时，应确保引用的常数（如 π、e）和因子

（如 $\sqrt{2}$、$1/3$）的有效数字位数不会降低最终结果的精度。如果原始数据中有效数字最多的是 n 位，那么这些常数和因子应取 $n+2$ 位有效数字。在工程上，通常可以取这些常数和因子的 5～6 位有效数字。

② 中间运算结果的有效数字：为了平衡结果的精度和计算的便利性，工程计算中的中间结果一般应保留 5～6 位有效数字。

③ 表示误差的数据：误差数据通常应保留 1 位或 2 位有效数字。为了保守估计并避免过于乐观的误差评估，可以采用截断后末位加 1 的方法来确定误差的有效数字。例如，如果误差为 0.5612，则可以表示为 0.6 或 0.57。

④ 间接测量值的有效数字：对于间接测量的最终实验结果，其有效数字的确定方法如下。

首先，对绝对误差的数值进行处理，保留 1～2 位有效数字，并采用截断后末位加 1 的原则。

然后，将待定位的数据与绝对误差值以小数点为基准对齐，待定位数据中与绝对误差末位有效数字对齐的数字即为有效数字的末位。

最后，根据之前提到的舍入规则，舍去末位有效数字右边的数字。

这些原则有助于确保计算结果的准确性，并在科学和工程领域中提供了一致的有效数字处理方法。

第3章

实验数据处理

3.1　实验数据处理的重要性

　　实验数据处理是科学研究和工程实践中不可或缺的一环，对于确保实验结果的准确性、可靠性和有效性至关重要。以下是实验数据处理的重要性。

　　① 准确性验证：通过数据处理，可以从原始数据中提取出有用的信息，消除随机误差和系统误差，确保实验结果的准确度。

　　② 趋势识别：对数据进行整理和分析可以揭示背后的科学规律或现象趋势，有助于理解研究问题的本质。

　　③ 决策依据：处理后的数据为科研人员提供有力的决策支持，比如是否接受假设、是否需要进一步的实验等。

　　④ 模型建立与验证：在许多情况下，实验数据被用来建立数学模型或验证理论模型，数据处理的质量直接影响模型的准确性。

　　⑤ 可重复性保证：妥善的数据处理使得其他研究者能够复现结果，这对于科研的真实性和可信度极为重要。

　　⑥ 资源节约：有效的数据处理可以最大化实验数据的利用价值，避免重复实验和浪费资源。

　　⑦ 发现异常：数据处理有助于识别实验中的异常点或错误，确保实验结果的可靠性。

　　⑧ 交流与发表：清晰、准确的数据处理是科研成果交流和发表的基础，有助于提升研究的学术价值和社会影响。

　　⑨ 知识积累：经过处理的数据可以存储于数据库，为未来的研究提供基础数据和参考。

　　⑩ 合规性和标准化：在很多领域，如医药、环境监测等，数据处理必须遵循特定的标准和法规要求，以确保数据的合法性和比较性。

　　为了实现上述目标，实验数据处理需要遵循一系列原则和步骤，正确的数据处理不仅能够提高实验效率，还能够增强实验结论的说服力。因此，掌握和应用好数据处理方法是每一位科研工作者和工程师必备的技能。

3.2　实验数据处理的基本步骤

实验数据处理的基本步骤通常包括以下几个方面：

（1）数据收集

① 记录实验中产生的所有原始数据。

② 确保数据的完整性，避免遗漏或错误。

（2）数据验证

① 检查原始数据的有效性，确保数据是在正确的条件下收集的。

② 确认数据的准确度，比如通过对照标准样本或重复测量。

（3）数据清洗

① 识别并处理异常值或离群点。

② 修正明显的错误或偏差，如录入错误、设备故障等。

（4）数据整理

① 对数据进行分类和排序，以便于分析。

② 格式化数据，确保一致性和可读性。

（5）数据转换

① 如果需要，将数据转换为适合分析的形式，例如对数转换、归一化等。

② 消除系统误差，如背景噪声校正、基线校正等。

（6）数据分析

① 应用统计方法进行分析，如计算均值、方差、标准差、置信区间等。

② 使用图表和图形工具来帮助可视化数据趋势和模式。

（7）结果解释

① 根据分析结果，解释实验观察到的现象。

② 评估结果的不确定性和可信度。

（8）结论提炼

① 从分析结果中提炼出科学结论。

② 判断结论是否支持或反驳实验假设。

（9）报告编写

① 将处理后的数据和分析结果整理成实验报告或论文。

② 确保报告清晰、逻辑性强，并且能够准确反映实验过程和结果。

（10）结果验证与复核

① 通过重复实验或对照实验来验证结果的可靠性。

② 可能需要第三方复核或同行评审来确认结果的有效性。

（11）数据存储和备份

① 妥善保存原始数据和处理后的数据，以防数据丢失。

② 创建数据的备份，确保未来可以访问和使用这些数据。

这些步骤是相互关联的，每一步都是为了确保最终结果的准确性和可靠性。在实际操作中，可能需要根据实验的具体要求和复杂性调整这些步骤。

3.3　实验数据处理的具体方法

实验数据处理，就是以测量为手段，以数学运算为工具，推断出某测量值的真值，并导出某些具有规律性结论的整个过程。因此对实验数据进行处理，可使人们清楚地观察到各变量之间的定量关系，以便进一步分析实验现象，得出规律，指导生产与设计。实验数据的处理方法一般可分为列表法、图示法和数学模型法。

（1）列表法

将实验数据以表格形式表示，以反映出各变量之间的对应关系。通常，这仅是数据处理过程前期的工作，为随后的曲线标绘或函数关系拟合做准备。

（2）图示法

将实验数据在坐标纸上绘成曲线，不仅可以直观而清晰地表达出各变量的相互关系，而且可以根据曲线的形状，分析判断变量的变化规律，从而帮助实验者确定适当的函数形式来表示变量间的关系，必要时，还可以借助于曲线进行图解积分和微分。

（3）数学模型法

采用适当的数学方法将实验数据按一定的函数形式整理成数学方程。这种方法的优点是结果简洁，而且便于使用计算机进行计算。

3.3.1　列表法

列表法有许多优点，如为了不遗漏数据，原始数据记录表会给数据处理带来方便；列出数据使数据易比较；形式紧凑；同一表格可以表示几个变量间的关系等。列表通常是整理数据的第一步，为标绘曲线图或整理成数学公式打下基础。

实验数据表可分为原始数据记录表、中间运算表和实验最终结果表。以阻力实验测定层流 $\lambda\text{-}Re$ 关系为例进行说明。

原始数据记录表是根据实验的具体内容而设计的，可以清楚地记录所有待测数据。该表必须在实验前完成。如流体流动阻力实验的原始数据记录表如表 3-1 和表 3-2 所示。

表 3-1　原始数据记录表 1

直管管长：_____m；　　　　　　　局部阻力阀门管径：_____mm；

直管管径：_____mm；　　　　　　涡流流量计系数：_____（s/L）；

水温：_____/℃

序号	涡流流量计频率 f	测直管阻力 U 形压差计读数/mm		测局部阻力 U 形压差计读数/mm	
		左	右	左	右
1					

续表

序号	涡流流量计频率 f	测直管阻力 U 形压差计读数/mm		测局部阻力 U 形压差计读数/mm	
		左	右	左	右
2					
3					
4					
...					

表 3-2　原始数据记录表 2

序号	流量 q/(L/h)	直管阻力压差 1 Δp_1/kPa	直管阻力压差 2 Δp_2/kPa	局部阻力压差 3 Δp_3/kPa
1				
2				
3				
...				

在实验过程中每完成一组实验数据的测定，须及时将有关数据记录在表中，当实验完成时，就得到一张完整的原始数据记录表。切忌按操作岗位分开单独记录，实验结束后再汇总成表的记录方法，这种方法既费时又容易造成差错。

中间运算表是记录数据处理过程的中间结果。使用该表计算方便，不易混乱，而且可清楚地表达中间计算步骤和结果，便于检查。仍以流体流动阻力实验为例，中间运算表的形式如表 3-3 所示。

表 3-3　中间运算表

序号	流速/(L/h)	$Re \times 10^{-4}$	直管压差 Δp_1/(N/m^2)	直管压差 Δp_2/(N/m^2)	直管阻力/(J/kg)	局部阻力/(J/kg)	直管摩擦系数 $\lambda \times 10^2$	局部阻力系数 ζ
1								
2								
3								
...								

实验最终结果表简明扼要，只用于表述主要变量之间的关系和实验结论。例如，流体流动阻力实验中摩擦系数和局部阻力系数与雷诺数之间的关系如表 3-4 所示。

表 3-4　实验最终结果表

序号	直管阻力		局部阻力	
	$Re \times 10^{-4}$	$\lambda \times 10^2$	$Re \times 10^{-4}$	ζ
1				
2				
3				
...				

在制定表格和记录实验数据时要注意以下几点：

① 在表格的表头中要列出变量名称和计量单位。计量单位不宜混在数字之中，以免分辨不清。

② 记录数字时要注意有效位数，要与测量仪表的精度相适应。

③ 数字较大或较小时要用科学记数法表示，其中，表示数量级的阶数部分，即 $10^{\pm n}$，要记在表头中。

④ 表格的标题要简明，能恰当说明实验内容，数据书写要清楚整齐，不得潦草。

3.3.2 图示法

实验数据图示法就是将整理得到的实验数据或结果标绘成描述因变量和自变量的依从关系的曲线图。该法的优点是直观清晰、便于比较，容易看出数据中的极值点、转折点、周期性、变化率以及其他特性，准确的图形还可以在不知数学表达式的情况下进行微积分运算，因此得到广泛的应用。

实验曲线的标绘是实验数据整理的第二步，在工程实验中正确作图必须遵循如下基本原则，才能得到与实验点位置偏差最小而光滑的曲线。

（1）坐标系的选择

化工中常用的坐标系为直角坐标系，包括笛卡尔坐标系（又称普通直角坐标系）、半对数坐标系（一个轴是分度均匀的普通坐标轴，另一个轴是分度不均匀的对数坐标轴）和对数坐标系（两个轴都是对数坐标轴）。应根据实验数据的特点选择合适的坐标系。

在下列情况下，建议用半对数坐标系。

① 变量之一在所研究的范围内发生了几个数量级的变化。如流量计标定实验中流量系数与雷诺数的关系曲线应采用半对数坐标系，如图 3-1 所示。

② 在自变量由零逐渐增大的初始阶段，当自变量的少许变化引起因变量的极大变化时，采用半对数坐标系，曲线的最大变化范围可增大，使图形轮廓清楚。

③ 需要将某种函数变换为线性函数，如指数函数 $y = a\mathrm{e}^{bx}$。

在下列情况下，应用对数坐标系。

① 所研究的函数 y 和自变量 x 在数值上均变化了几个数量级。如流体流动直管摩擦系数 λ 与雷诺数 Re 的关系曲线应采用对数坐标系标绘。

② 需要将曲线的开始部分划分成展开的形式。

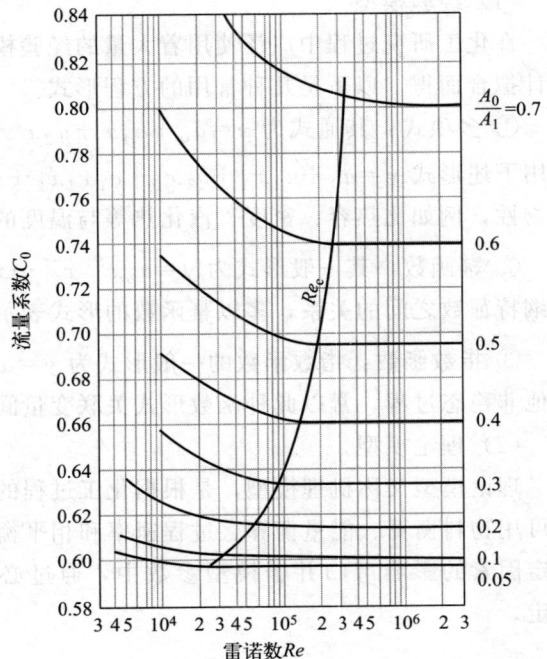

图 3-1 流量系数与雷诺数的关系曲线

③ 当需要变换某种非线性关系为线性关系时。

（2）其他必须注意的事项

① 坐标分度。坐标分度是每条坐标轴所能代表的物理量的大小，即坐标轴的比例尺。坐标分度应该与实验数据的有效数字位数相匹配，并且方便读出数据点的坐标值。所以，建议坐标轴的比例常数为 $M=(1, 2, 5)\times10^{\pm n}$（$n$ 为整数），不使用 3、6、7、8、9 等比例常数，因为采用后者绘图时较麻烦，而且从图上读数时容易导致错误。

② 曲线光滑。利用曲线板等工具将各离散点连接成光滑的曲线，并使曲线尽可能通过较多的实验点，或者使曲线以外的点尽可能位于曲线附近，并使曲线两侧的点数大致相等。

③ 定量绘制的坐标图，坐标轴上必须标明该坐标所代表的变量的名称、符号及所用的单位。

④ 图必须有图号和图名，以便排版和引用，必要时还应有图注。

⑤ 不同线上的数据点可用○、△等不同符号表示，且必须在图上明显地标出。

3.3.3 数学模型法

数学模型法又称为公式法或函数法，亦即用一个或一组函数方程式来描述过程变量之间的关系。就数学模型而言，可以是纯经验的，也可以是半经验的或理论的。选择的模型方程好与差取决于研究者的理论知识基础与经验。无论是经验模型还是理论模型，都会包含一个或几个待定系数，即模型参数。采用适当的数学方法，对模型函数方程中的参数估值并确定所估参数的可靠程度，是数据处理中的重要内容。数学模型主要分为以下两类：

（1）经验模型

在化工研究过程中广泛使用着大量的经验模型，这些经验模型都是通过对实验数据的统计拟合而得。以下是几种常用的方程形式。

① 多项式：其通式为 $y=a_0+a_1x+a_2x^2+\cdots+a_mx^m$。若自变量数在两个以上，可采用下述形式 $y=a_0+a_1x_1+b_1x_2+c_1x_1x_2+a_2x_1^2+b_2x_2^2+c_1x_1^2x_2^2+\cdots$。对于流体的物性，例如比热容、密度、汽化热等与温度的关系，常采用多项式关联。

② 幂函数：其一般形式为 $y=a_0x_1^{a_1}x_2^{a_2}\cdots x_m^{a_m}$。在动量、热量、质量传递过程中的无量纲特征数之间的关系，多以幂函数的形式表示。

③ 指数函数：指数函数的一般形式为 $y=a_0e^{a_1x}$。在化学反应、吸附、离子交换以及其他非稳态过程，常以此种函数形式关联变量间的关系。

（2）理论模型

理论模型又称机理模型，是根据化工过程的基本物理原理推演而得。过程变量间的关系可用物料衡算、能量衡算、过程速率和相平衡关系四大法则来进行描述。过程中所有不确定因素的影响可归并于模型参数中，通过必要的实验和有限的数据对模型参数加以确定。

第4章

化工实验测量技术与常用仪表

化工生产和科学实验中，物料的温度、流量和压力等均是重要的控制参数，要确保仪器仪表的测量值达到所要求的精度，必须合理地选用、正确地使用各种测量仪表。测量仪表的种类很多，本章重点介绍化工原理实验常用的温度测量、压力测量、流量测量和液位测量仪表的类型、原理及使用技术。

4.1 温度测量

化工生产和科学实验中，温度往往是测量和控制的重要参数之一。几乎每个化工原理实验装置上都装有温度测量仪表。温度不能直接测量，只能借助于冷、热物体之间的热交换，以及物体的某些物理性质随冷热程度不同而变化的特性进行间接测量。任意选择某一物体与被测物体相接触，物体之间发生热交换，即热量将由受热程度高的物体向受热程度低的物体传递。当接触时间充分长，两物体达到热平衡状态，此时，选择物的温度和被测物的温度相等。通过对选择物的物理量（如液体的体积、导体的电阻等）进行测量，便可以定量地给出被测物体的温度值，从而实现被测物体的温度测量。

温度的测量方式可分为两大类：非接触式和接触式。

非接触式是利用热辐射原理测量仪表的敏感元件，不需要与被测物质接触，它常用于测量运动体和热容量小或特高温度的场合。

接触式是利用两物体接触后，在足够长的时间内达到热平衡，两个互不平衡的物体温度相等，这样测量仪器就可以对物体进行温度的测量。

化工实验室所涉及的温度和测量对象都可以用接触式测温法进行（见表4-1），因此非接触式测量仪器用得很少。下面介绍实验室常用的接触式测量仪表。

常用接触式温度计有热膨胀温度计（玻璃管温度计、压力式温度计）、热电阻温度计和热电偶温度计，现分别简述如下。

表 4-1　接触式温度计分类表

工作原理	仪器名称	使用温度范围/℃	特点
热膨胀	玻璃管温度计 双金属温度计 压力式温度计 （长尾温度计）	−80～500 −80～500 −50～450	简单便宜 使用方便 测温范围较广
热电阻	铂、铜电阻温度计 半导体温度计	−200～600 −50～300	精度高 体积小、灵敏度高 线性差、互换性差
热电偶	铜-康铜 铂-铂铑	−10～300 200～1800	结构简单、感温部位小 适应性差、线性差

4.1.1　热膨胀温度计

4.1.1.1　玻璃管温度计

　　玻璃管温度计是最常用的一种测定温度的仪器。其结构简单，价格便宜，读数方便，有较高的精度，测量范围为−80℃～500℃。它的缺点是易损坏，损坏后无法修复。目前实验室用得最多的是水银温度计和有机液体（如乙醇）温度计。水银温度计测量范围广，刻度均匀，读数准确，但损害后会造成汞污染。有机液体（乙醇、苯等）温度计着色后读数明显，但由于膨胀系数随温度而变化，故刻度不均，读数误差较大。玻璃管温度计又分为三种形式，即棒式、内标式和电接点式。

　　（1）玻璃管温度计的安装和使用

　　① 安装在没有大的振动且不易受碰撞的设备上，特别是有机液体玻璃管温度计，如果振动很大，容易使液柱中断。

　　② 玻璃管温度计感温泡中心应处于温度变化最敏感处（如管道中流速最大处）。

　　③ 玻璃管温度计应安装在便于读数的场所，不能倒装，尽量不要倾斜安装。

　　④ 为了减少读数误差，应在玻璃管温度计保护管中加入甘油、变压器油等，以排除空气等不良导体。

　　⑤ 水银温度计读数时按凸面最高点读数；有机液体温度计则按凹面最低点读数。

　　⑥ 为了准确地测定温度，用玻璃管温度计测定物体温度时，如果指示液柱不是全部插入待测的物体中，就不能得到准确值。

　　例如，在测量时，水银柱的上部露在待测物体外部，则这段水银柱的温度不是待测物体的温度，因此必须按下式校正：

$$\Delta T = \frac{n(T - T')}{6000}$$

式中　n——露出部分水银柱高度（温度刻度数）；

　　　T——温度计指示的温度；

　　　T'——露出部分周围的中间温度（要用另一支温度计测出）；

$\dfrac{1}{6000}$——玻璃与水银的膨胀系数之差。

则真实温度 $= T + \Delta T$。

【例 4-1】 为了精确测定系统的水温，如图 4-1 所示安装。除了主温度计外，还有附加温度计。主温度计读出温度为 45.3℃，插入水处温度计读数为 15.0℃，因此露出部分水银柱为 30.3℃。附加温度读数为 24.7℃，经校正后，实际温度为 45.4℃。计算如下：

$$\Delta T = \frac{(45.3 - 15.0) \times (45.3 - 24.7)}{6000} = \frac{30.3 \times 20.6}{6000} = 0.10(℃)$$

因此实际温度为：

$$45.3℃ + 0.1℃ = 45.4℃$$

（2）玻璃管温度计的校正

玻璃管温度计在进行温度精确测量时要校正，校正方法有两种：与标准温度计在同一状况下比较；利用纯质相变点如冰-水-水蒸气系统校正。

实验室内将被校正的玻璃管温度计与标准温度计（在市场上购买的二等标准温度计）插入恒温槽中，待恒温槽的温度稳定后，比较被校正温度计与标准温度计的示值。注意示值误差的校验应采用升温校正。这是因为对有机液体来说，毛细管壁有附着力，在降温时，液柱下降会有部分液体停留在毛细管壁上，影响读数的准确。水银温度计在降温时也会因摩擦发生滞后现象。

如果实验室内无标准温度计可作比较，亦可用冰-水-水蒸气的相变温度来校正温度计。

用水和冰的混合液校正 0℃：

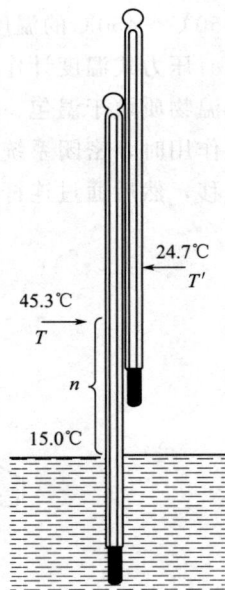

图 4-1　对液体温度计露出液柱部分的校正

在 100mL 烧杯中，装满碎冰或冰块，然后注入蒸馏水至液面达到冰面下 2cm 为止，插入温度计使刻度便于观察或露出 0℃于冰面之上，搅拌并观察水银柱的改变，待其所指温度恒定时，记录读数。这即是校正过的零度。注意勿使冰块完全溶解。

用水和水蒸气校正 100℃：

按图 4-2 所示装置安装好，塞子留缝隙是为了平衡试管内外的压力。加入沸石及 10mL 蒸馏水。调整温度计使其水银球在液面上 3cm。以小火加热并注意水蒸气在试管壁上冷却形成一个环，控制火力使该环在水银球上方约 2cm 处，要保持水银球上有一液滴以维持液态与气态间的热平衡。观察水银柱读数直到温度保持恒定，记录读数。再经过气压校正后即是校正过的 100℃。

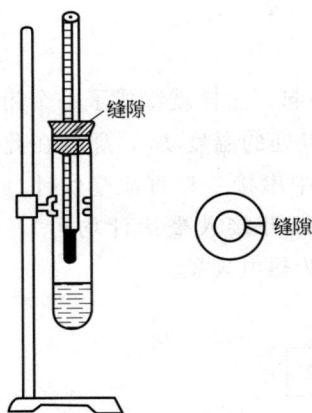

图 4-2　温度计校正装置

4.1.1.2　压力式温度计（长尾温度计）

压力式温度计工作原理：压力式温度计也是一种热膨胀温度计，它可以用于测定

−50℃～450℃的温度。

压力式温度计作用原理如图 4-3 所示。压力式温度计将气体、液体或低沸点液体作为感温物质填于温包、毛细管和弹簧管的密闭温度测量系统内。当温包内的感温物质受到温度作用时，密闭系统内压力发生变化，同时引起弹簧管弯曲率的变化，并使其自由端发生位移，然后通过连杆和传动装置带动指针，在刻度盘上直接显示出温度的变化值。

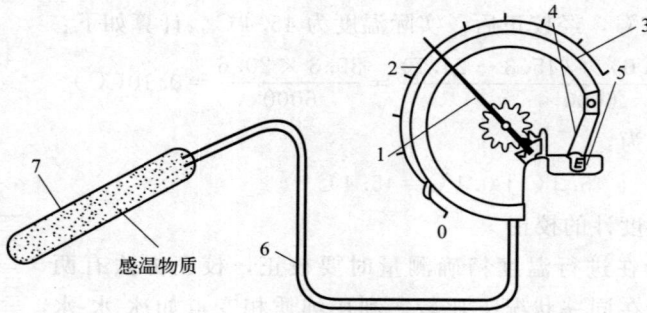

图 4-3　压力式温度计的作用原理

1—指针；2—刻度盘；3—弹簧管；4—连杆；5—传动装置；6—毛细管；7—温包

4.1.2　热电偶温度计

热电偶是最常用的一种测温元件。它具有结构简单、使用方便、精度高、测量范围宽等优点，因而得到广泛的应用。

4.1.2.1　热电偶测温原理

如果取两根不同材料的金属导线 A 和 B，将其两端焊在一起，这样就组成了一个闭合回路。如将其一端加热，使该接点处的温度 T 高于另一个接点处的温度 T_0，那么在此闭合回路中就有热电势产生，如图 4-4(a) 所示。如果在此回路中串接一只直流毫伏计（将金属导线 B 断开接入毫伏计，或者在两金属线的接头 T 处断开接入毫伏计均可），如图 4-4(b) 所示，就可见到毫伏计中有电势指示，这种现象称为热电现象。

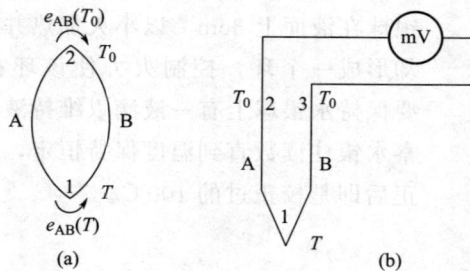

图 4-4　热电现象

热电现象是因为两种不同金属的自由电子密度不同，当两种金属接触时，在两种金属的交界处就会因电子密度不同而有电子扩散，扩散结果在两金属接触面两侧形成静电场，即接触电势差。这种接触电势差仅与两金属的材料和接触点的温度有关。温度越高，金属中自由电子就越活跃，致使接触处所产生的电场强度增加，接触面电动势也相应增高。根据这个原理就制成热电偶温度计。

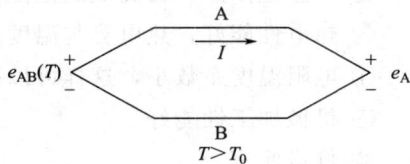

图 4-5　热电偶原理

若把导体的两端闭合，形成闭合回路，如图 4-5 所示。由于两金属的接点温度不同（$T > T_0$），就产生了两个大小不等、方向相反的热电势 $e_{AB}(T)$ 和 $e_{AB}(T_0)$。在此闭合回路中总的热电势 $e(T, T_0)$ 为：

$$e(T, T_0) = e_{AB}(T) - e_{AB}(T_0)$$

或

$$e_{AB}(T, T_0) = e_{AB}(T) + e_{AB}(T_0)$$

也就是说，总的热电势等于热电偶两接点热电势的代数和。当 AB 材料固定后，热电势是接点温度 T 和 T_0 的函数之差。如果一端温度 T_0 保持不变，即 $e_{AB}(T_0)$ 为常数，则热电势 $e_{AB}(T, T_0)$ 就成为温度 T 的单值函数了，而和热电偶的长短及直径无关。这样，只要测出热电势的大小，就能判断测温点温度的高低，这就是利用热电现象来测量温度的原理。

利用这一原理，人们选择了符合一定要求的两种不同材料的导体，将其一端焊起来，就构成了一支热电偶。焊点的一端插入测温对象，称为热端或工作端，另一端称为冷端或自由端。

利用热电偶测量温度时，必须要用某些显示仪表如毫伏计或电位差计来测量热电势的数值，如图 4-6 所示。测量仪表往往要远离测温点，这就需要接入连接导线 C，这样就在 AB 所组成的热电偶回路中加入了第三种金属导线，从而构成了新的接点。实验证明在热电偶回路中接入第三种金属导线对原热电偶所产生的热电势数值并无影响，不过必须保证引入线两端的温度相同。同理，如果回路中串入多种导线，只要引入线两端温度相同，也不影响热电偶所产生的热电势数值。

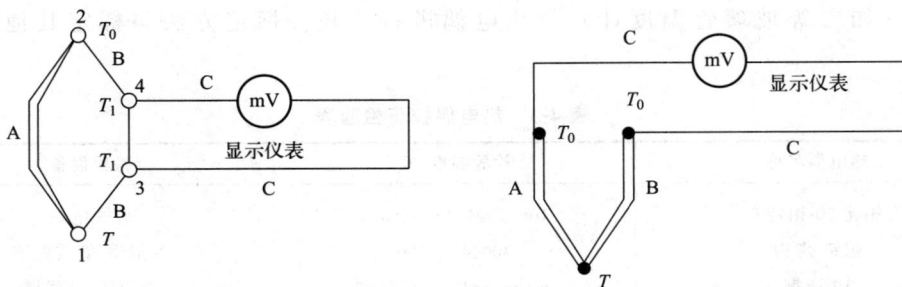

图 4-6　热电偶测温系统连接图

4.1.2.2　常用热电偶的特性和对热电偶材料的要求

为了便于选用和自制热电偶，必须对热电偶材料提出要求并了解常用热电偶的特性。

（1）对热电偶材料的基本要求

① 物理化学性能稳定。

② 测温范围广，在高低温范围内测温准确。

③ 热电性能好，热电势与温度呈线性关系。

④ 电阻温度系数小，这样可以减少附加误差。

⑤ 机械加工性能好。

⑥ 价格便宜。

（2）常用热电偶的特性

表 4-2 中列举了常用的几种热电偶的特性数据。使用者可以根据表中列出的数据选择合适的二次仪表和确定使用的温度范围。

表 4-2　常用热电偶特性表

热电偶名称	型号	分度号	100℃时的热电势/mV	最高使用温度/℃	
铂-铂铑 10[①]	WRLB	LB-3	0.643	1300	1600
镍铬-考铜	WREA	EA-2	6.95	600	800
镍铬-镍硅	WRN	EU-2	4.095	900	1200
铜-康铜	WRCK	CK	4.29	200	300

① 10 指含量为 10%。

（3）热电偶的校验（定标）

① 对新焊好的热电偶需校对电势-温度是否符合标准，检查有无复制性，或进行单个标定。

② 对所用热电偶定期进行校验，测出校正曲线，以便对高温氧化产生的误差进行校正。

表 4-3 所列检验温度和检验设备可根据测定温度范围而定，例如，实验室测温值在 100℃ 左右，故可用油浴恒温槽检验，在所测温度范围内找 3～4 个点，利用标准温度计（如二等玻璃管温度计）与热电偶进行比较。标定方法与标定其他温度计类似。

表 4-3　热电偶校正检验表

热电偶名称	检验温度/℃	检验设备
铂铑 30-铂铑 6	100、1200、1400、1554	管式电炉
镍铬-考铜	300、400、600	油浴槽、管式电炉
铜-康铜	−196、−100、100、300	液氨槽、油浴槽

（4）实验室常用铜-康铜热电偶

化工实验室测温范围较窄，且测温值多在 100℃ 左右，故用铜-康铜热电偶作为测量元件较为合适。铜-康铜热电偶市场上较难买到，一般自制。

4.1.3　热电阻温度计

热电阻温度计也是一个用途极广的测温仪器，它具有以下特点：

① 测量精度高，性能稳定。

② 由于本身电阻大，导线的电阻影响可忽略，因此信号可以远传和记录。

③ 灵敏度高，它在低温时产生的信号比热电偶大得多。

热电阻温度计的热敏元件有金属丝和半导体两种。通常，前者使用铂丝，后者利用半导体热敏物质。各种电阻温度计性质概括在表 4-4 中。

表 4-4　电阻温度计的使用温度

种类	使用温度范围/℃	温度系数/℃ $^{-1}$
铂电阻温度计	−260～630	0.0039
镍电阻温度计	150 以下	0.0062
铜电阻温度计	150 以下	0.0043
热敏电阻温度计	350 以下	−0.03～0.06

由于高纯度铂易制备，并且铂不易变质、电阻系数大、温度系数恒定、容易加工，所以金属电阻温度计几乎全用铂。它已用来作国际实用温标的标准温度计，特别适用于温度变化大的精密测定。它的缺点是不能测定高温度，因通过电流大时，能发生自热现象而影响准确度。

半导体热敏电阻是用各种氧化物按一定比例黏合烧结而成。其优点是灵敏度高、体积小、价格便宜，缺点是测温范围窄、重复性差。

4.1.3.1　金属电阻温度计

（1）工作原理

金属电阻温度计是利用金属导体的电阻值随温度变化而改变的特性来进行温度测量的。热电阻的电阻值与温度的关系如下：

$$R = R_0[1 + \alpha(T - T_0)]$$

$$\Delta R_T = \alpha R_0(\Delta T)$$

式中　R——温度为 T（℃）时的电阻值，Ω；

　　　R_0——温度为 T_0（通常为 0℃）时的电阻值，Ω；

　　　α——电阻温度系数，℃ $^{-1}$；

　　　ΔT——温度的变化量，℃；

　　　ΔR_T——电阻值的变化量，Ω。

可见，温度的变化导致了金属导体电阻的变化。因此，只要设法测出电阻值的变化，就可以达到测量温度的目的。

如图 4-7 所示，感温元件 1 是以直径为 0.03～0.07mm

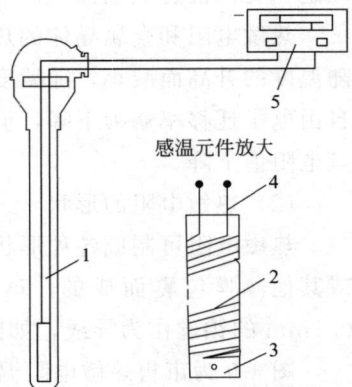

图 4-7　热电阻的作用原理

的纯铂丝 2 绕在有锯齿的云母骨架 3 上，再用两根直径约 0.5～1.4mm 的银导线作为引出线 4 引出，与显示仪表 5 连接的。当感温元件上铂丝受到温度作用时，感温元件的电阻值随温度而变化，并呈一定的函数关系 $R_T = f(T)$。将变化的电阻值作为信号输入具有平衡或不平衡电桥回路的显示仪表以及调节器和其他仪表等，即能测量或调节被测量介质的温度。

由于感温元件占有一定的空间，所以不能像热电偶那样，用它来测量"点"的温度，然而在有些情况下，当要求测量任何空间内或表面部分的平均温度时，热电阻用起来却特别方便。换句话说，热电阻所测量的温度，乃是它所占空间的平均温度。

（2）基本参数

热电阻的基本参数见表 4-5。

表 4-5　热电阻的基本参数

名称	型号	分度号	温度测量范围/℃	0℃时的电阻值 R_0 及其允差/Ω	电阻比 $W_{100} = R_{100}/R_0$ 及其允差
铂热电阻	WZB	$\dfrac{B_{A1}}{B_{A2}}$	$-200\sim650$	$\dfrac{46\pm0.046}{100\pm0.1}$	1.3910 ± 0.0010
铜热电阻	WZG	$\dfrac{Cu50}{Cu1000}$	$-50\sim150$	$\dfrac{50\pm0.05}{100\pm0.1}$	1.428 ± 0.002
镍热电阻	WZN	$\dfrac{Ni50}{Ni100}$	$-60\sim180$	$\dfrac{50\pm0.05}{100\pm0.1}$	1.617 ± 0.007

可以根据基本参数选用合适的热电阻温度计。

4.1.3.2　半导体电阻（热敏电阻）温度计

（1）热敏电阻的电阻温度特性

电阻与温度有依赖关系。热敏电阻体是由锰、镍、钴、铁、锌、钛、镁等金属氧化物以适当比例混合烧结而成。

热敏电阻和金属导体的热电阻不同，它属于半导体，具有负电阻温度系数，其电阻值随温度的升高而减小，随温度的降低而增大。虽然温度升高粒子的无规则运动加剧，引起自由电子迁移率略为下降，但是自由电子的数目随温度升高而增加得更快，所以温度升高其电阻值下降。

（2）热敏电阻的形状

热敏电阻可制成各种形状。用作温度计的热敏元件是制成小球状的热敏电阻体用玻璃或其他薄膜包裹而成的。球状热敏电阻体的本体为直径 1～2mm 的小球，封入两根0.1mm 的铂丝作为导线，如图 4-8 所示。

图 4-9 为市售热敏电阻温度计（半导体电阻温度计）的外形图。

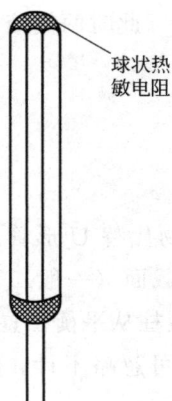

图 4-8　球状热敏电阻

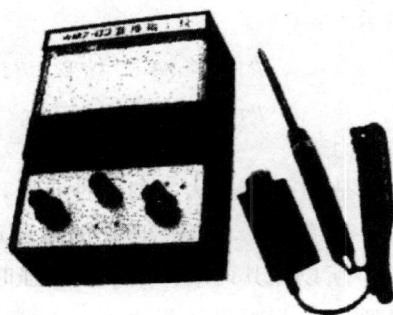

图 4-9　热敏电阻温度计

4.2　压力测量

在化工生产和实验中，经常遇到流体静压强的测量问题。常见的流体静压强测量方法有三种：

① 液柱式测压法，将被测压强转变为液柱高度差；

② 弹性式测压法，将被测压强转变为弹性元件形变的位移；

③ 电气式测压法，将被测压强转变为某种电量（比如电容或电压）的变化。

一般而言，由上述方法测得的压强均为"表压值"，即以物理大气压为基准的压强值。表压值加物理大气压值等于绝对压强值。

4.2.1　液柱式压力表

液柱式压力表是基于流体静力学原理设计的。其结构比较简单，精度较高，既可用于测量流体的压强，又可用于测量流体管道两点间的压强差。它一般由玻璃管制成。由于指示液与玻璃管会发生毛细管现象，所以在自制液柱式压力表时应选用内径不小于 5mm（最好大于 8mm）的玻璃管，以减小毛细现象引起的误差。同时，因玻璃管的耐压能力低和长度所限，它只能用于 0.1MPa 以下的正压或负压（或压差）的场合。液柱式压力表的常见形式有以下几种。

（1）U 形管压力表

如图 4-10 所示，这是一种最基本的液柱式压力表，用一根粗细均匀的玻璃管弯制而成，也可用两支粗细相同的玻璃管做成连通器的形式。玻璃管内充填某种工作指示液（如水银、水等）。使用前，U 形管压力表的工作液处于平衡状态，当作用于 U 形管压力表两端的势能不同时，管内一侧液柱下降而另

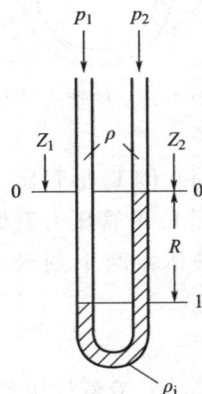

图 4-10　U 形管压力表

一侧上升。外界势能差达到稳定时，两侧液柱达到新的平衡状态。此时两侧液柱的液面高度差为 R，可表示为：

$$p_1 + Z_1\rho g + R\rho g = p_2 + Z_2\rho g + R\rho_i g$$

或 $$(p_1 - p_2) + (Z_1 - Z_2)\rho g = R(\rho_i - \rho)g$$

（2）单管式压力表

单管式压力表是 U 形管压力表的一种变形，即用一只杯形物代替 U 形管压力表中的一根管子，如图 4-11 所示。由于杯形物的截面远大于玻璃管的截面（一般二者的比值须大于或等于 200），所以在其两端作用不同压强时，细管一边的液柱从平衡位置升高到 h_1，杯形物一边下降到 h_2。根据等体积原理，h_1 远大于 h_2，故 h_2 可忽略不计。因此，在读数时只要读取 h_1 即可。

（3）倾斜式压力表

倾斜式压强表是把单管式压力表或 U 型管压力表的玻璃管与水平方向作 α 角度的倾斜，如图 4-12 所示。倾斜角度的大小可根据需要调节。它使读数放大了 $\dfrac{1}{\sin\alpha}$ 倍，即

$$R' = \frac{R}{\sin\alpha}$$

可用于测量流体的小压差，且提高了读数分辨率。

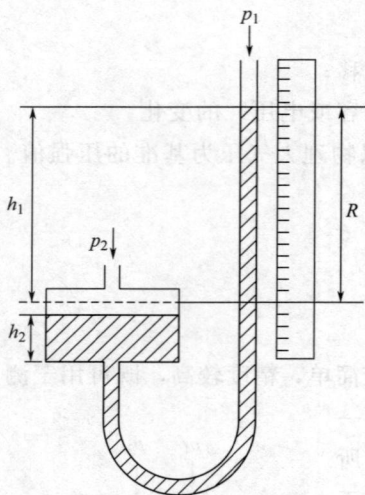

图 4-11　单管式压力表

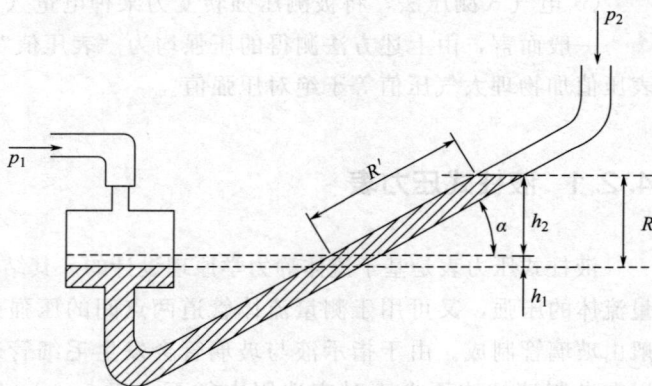

图 4-12　倾斜式压力表

（4）倒 U 形管压力表

倒 U 形管压力表如图 4-13 所示。其指示剂为空气，一般用于测量液体小压差。由于工作液体在两个测量点上压强不同，故在倒 U 形的两根支管中上升的液柱高度也不同，则

$$p_1 - p_2 = R(\rho - \rho_{空气})g \approx R\rho g$$

（5）双液液柱压差计

双液液柱压差计如图 4-14 所示，它一般用于测量气体压差。ρ_1 和 ρ_2 分别代表两种指

示液的密度。由流体静力学原理知

$$p_2 - p_1 = R(\rho_2 - \rho_1)g$$

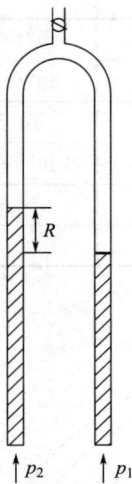

图 4-13　倒 U 形管压力表　　　　图 4-14　双液液柱压差计

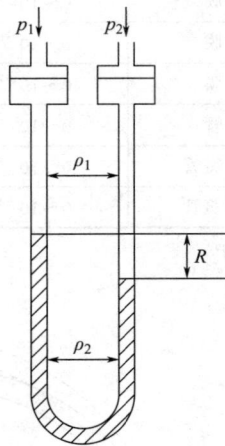

当 Δp 很小时，为了扩大读数 R，减小相对读数误差，可以通过减小（$\rho_2 - \rho_1$）来实现。（$\rho_2 - \rho_1$）愈小，R 就愈大，但两种指示液必须有清晰的分界面。工业实际应用时常以石蜡油和工业酒精为指示介质，实验室中常以甲基醇和氯化钙溶液为指示介质。氯化钙溶液的密度可以用不同的浓度来调节。

4.2.2　弹性式压力表

弹性式压力表是以弹性元件受压后所产生的弹性变形作为测量基础的。一般分为三类：薄膜式、波纹管式、弹簧管式。

利用各种弹性元件测压的压力表，多是在力平衡原理的基础上，以弹性变形的机械位移作为转换后的输出信号。弹性元件应保证在弹性变形的安全区域内工作，这时被测压力 p 与输出位移 x 之间一般具有线性关系。这类压力表的性能主要与弹性元件的特性有关。各种弹性元件的特性则与材料、加工和热处理的质量有关，并且对温度的敏感性较强。但是由于弹性式压力表测压范围较宽、结构简单、价格便宜、现场使用和维修方便，所以在化工和炼油生产乃至实验室中仍然具有广泛的应用。

常用的弹性元件有波纹膜和波纹管，多作微压和低压测量；单圈弹簧管（又称波纹管）和多圈弹簧管，可作高、中、低压甚至真空度的测量。几种弹性元件的结构及其特性如表 4-6 所示。

现以最常见的单圈弹簧管式压力表为例，说明弹性式压力表的工作原理。单圈弹簧管是弯成圆弧形的空心管子，如图 4-15 所示。它的截面呈扁圆形或椭圆形，圆的长轴 a 与图面垂直的弹簧管中心轴 O 相平行。管子封闭的一端为自由端，即位移输出端。管子的另一端则是固定的，作为被测压力的输入端。

表 4-6 弹性元件的结构和特性

类别	名称	测量范围/(kgf/cm²)①		动态特性	
		最小	最大		
薄膜式	平薄膜	$0\sim10^{-1}$	$0\sim10^3$	$10^{-5}\sim10^{-2}$	$10\sim10^4$
	波纹膜	$0\sim10^{-5}$	$0\sim10$	$10^{-2}\sim10^{-1}$	$10\sim100$
	挠性膜	$0\sim10^{-7}$	$0\sim1$	$10^{-2}\sim1$	$1\sim100$
波纹管式	波纹管	$0\sim10^{-5}$	$0\sim10$	$10^{-2}\sim10^{-1}$	$10\sim100$
弹簧管式	单圈弹簧管	$0\sim10^{-3}$	$0\sim10^4$	—	$100\sim1000$
	多圈弹簧管	$0\sim10^{-4}$	$0\sim10^3$	—	$10\sim100$

① $1kgf/cm^2 = 98.0665kPa$。

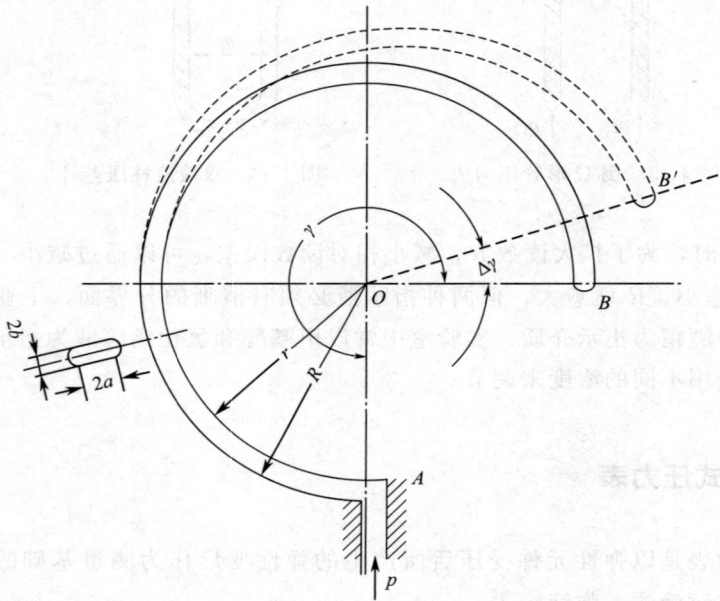

图 4-15 单圈弹簧管

A—弹簧管的固定端；B—弹簧管的自由端；O—弹簧管的中心轴；γ—弹簧管中心角的初始值；
$\Delta\gamma$—中心角的变化量；R、r—弹簧管弯曲圆弧的外径和内径；a、b—弹簧管椭圆截面的长半轴和短半轴

作为压力-位移转换元件的弹簧管，当它的固定端 A 通入被测压力 p 后，由于椭圆形截面在压力 p 的作用下将趋向圆形，弯成圆弧形的弹簧管随之产生向外挺直的扩张变形，其自由端就由 B 移到 B'，如图 4-15 上虚线所示，弹簧管的中心角随即减小 $\Delta\gamma$。根据弹性变形原理可知，中心角的相对变化值 $\Delta\gamma/\gamma$ 与被测压力 p 成比例。通过机械传递，将中心角的相对变化转变为指针变化，即可测得压强值。

4.2.3 电气式压力表

电气式压力表一般用于测量快速变化、脉动压力和高真空、超高压等场合，比如应变片式压力表。应变片常由半导体材料制成，它的电阻值 R 随压力 p 所产生的应变而变化。

在受压情况下，半导体材料的电阻变化率远远大于金属材料。这是因为在半导体（例如单晶硅）的晶体结构上施压后，会暂时改变晶体结构的对称性，从而改变半导体的导电性能，表现为它的电阻率的变化。应变片式压力传感器利用应变片作为转换元件，把被测压强转换为应变片电阻值变化，然后经桥式电路得到毫伏级电量并传输给显示单元，组成应变片式压力表。

4.2.4　测压仪表的选用

压力表的选用应根据使用要求，针对具体情况作具体的分析。在符合工艺生产过程所提出的技术要求条件下，本着节约原则，合理地选择种类、型号、量程和精度等级，有时还需要考虑是否需带有报警、远传变送等附加装置。

选用的依据主要有：①工艺生产过程对压力测量的要求。例如，压力测量精度、被测压力的高低、测量范围以及对附加装置的要求等。②被测介质的性质。例如，被测介质温度高低、黏度大小、腐蚀性、脏污程度、易燃易爆等。③现场环境条件。例如，高温、腐蚀、潮湿、振动等。除此之外，对于弹性式压力表，为了保证弹性元件能在弹性变形的安全范围内可靠地工作，在选择压力表量程时必须留有足够的余地。一般在被测压力较稳定的情况下，最大压力值应不超过满量程的 3/4；在被测压力波动较大的情况下，最大压力值应不超过满量程的 2/3。为保证测量精度，被测压力最小值以不低于全量程的 1/3 为宜。

测压仪表的种类、特点和应用范围可参阅表 4-7。

表 4-7　测压仪表的种类、特点和应用范围

类别	名称	特点	测量范围	精度	应用范围
液柱式压力表	U 形管压力表	结构简单、制作方便、易破损	0～20000Pa 0～2000mmHg	1.5	测量气体的压力及压差，也可用作差压式流量计、气动单元组合仪表的校验
	单管式压力表		3000～15000Pa 2500～6300Pa		
	倾斜式压力表		400、1000、1250、±250、±500Pa	1	测量气体微压，炉膛微压及压差
	补偿式微压计		0～1500Pa	0.5	
普通弹簧管式压力表	普通弹簧管压力表 电接点压力表	结构简单、成本低廉、维护方便	−0.1～60MPa	1.5 2.5	测量非腐蚀性、无结晶的液体、气体、蒸汽的压力和真空、防爆场合。电接点压力表应选防爆型
	双针双管压力表		0～2500kPa	1.5	测量无腐蚀介质的两点压力
	双面压力表		0～2.5MPa		两面显示同一测量点的压力
	标准压力表 （精密压力表）	精度高	−0.1～250MPa	0.25 0.4	校验普通弹簧管压力表以及精确测量无腐蚀性介质的压力和真空度

续表

类别	名称	特点	测量范围	精度	应用范围
专用弹簧管式压力表	氨用压力表（电接点的为非防爆）	弹簧管的材料为不锈钢	−0.1～60MPa	1.5 2.5	测量液氨、氨气及其混合物和对不锈钢不起腐蚀作用的介质的压力
	氧气压力表	严格禁油			测量氧气的压力
	氢气压力表		0～60MPa		测量氢气的压力
	乙炔压力表		0～2.5MPa	2.5	测量乙炔气的压力
	耐硫压力表（H_2S压力表）		0～40MPa	1.5	测量硫化氢的压力
膜片式压力表	膜片压力表	膜片材料为1Cr18Ni9Ti和含钼不锈钢	−0.1～2.5MPa	2.5	测量腐蚀性、易结晶、易凝固、黏性较大的介质压力和真空
	隔膜式耐蚀压力表		0～6MPa		
	隔膜式压力表		0～6MPa		

4.2.5　测压仪表的安装

为使压力表发挥应有的作用，不仅要正确地选用，还须正确地安装。安装时一般有五点要求。

① 测压点。除正确选定设备上的具体测压位置外，在安装时应使插入设备中的取压管内端面与设备连接处的内壁保持齐平，不应有凸出物或毛刺，且测压孔不宜太大，以保证正确地测得静压力。同时，在测压点的上、下游应有一段直管稳定段，以避免流体动能对测量的影响。

② 安装地点应力求避免振动和高温的影响。

③ 测量蒸汽压力时，应加装凝液管，以防止高温蒸汽与测压元件直接接触；对于腐蚀性介质，应加装充有中性介质的隔离罐。总之，针对被测介质的不同性质（高温、低温、腐蚀、脏污、结晶、沉淀、黏稠等），采取相应的防温、防腐、防冻、防堵等措施。

④ 取压口到压强计之间应装有切断阀门，以备检修压强计时使用。切断阀应装设在靠近取压口的地方。需要进行现场校验和经常冲洗引压导管的场合，切断阀可改用三通开关。

⑤ 引压导管不宜过长，以减少压力指示的迟缓。

4.3　液位测量

液位是表征设备或容器内液体储量多少的度量。液位测量为保证生产过程的正常运行，如调节物料平衡、掌握物料消耗量、确定产品产量等提供决策依据。

液位测量方法因物系性质的变化而异，种类较多，其常见分类为：

① 直读式液位计（玻璃管式液位计、玻璃板式液位计）；

② 差压式液位计（压力式液位计、吹气法压力式液位计、差压式液位计）；

③ 浮力式液位计（浮子式液位计、浮标式液位计、浮筒式液位计、磁性翻板式液位计）；

④ 电气式液位计（电接点式液位计、磁致伸缩式液位计、电容式液位计）；

⑤ 超声波式液位计；

⑥ 雷达液位计；

⑦ 放射性液位计。

下面介绍实验室中常用的直读式液位计、差压式液位计、浮力式液位计、电容式液位计。

4.3.1　直读式液位计

测量的基本原理：利用仪表与被测容器气相、液相的连接来直接读取容器中的液位高低。直读式液位计测量原理见图 4-16。

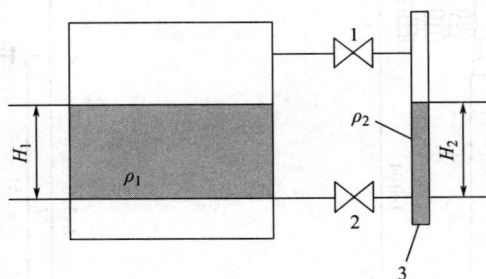

图 4-16　直读式液位计测量原理图

1—气相切断阀；2—液相切断阀；3—玻璃管

利用液相压力平衡原理

$$H_1\rho_1 g = H_2\rho_2 g$$

当 $\rho_1 = \rho_2$ 时，$H_1 = H_2$。

这种液位计适宜于就地直读液位的测量。当介质温度高时，ρ_1 不等于 ρ_2，就会出现误差。但由于其简单实用，因此应用广泛。有时也用于自动液位计的零位和最高液位的校准。

4.3.1.1　玻璃管式液位计

早期的玻璃管式液位计由于结构上的缺点，如玻璃管易碎、长度有限等，只用于开口常压容器。目前由于玻璃管材质改用石英玻璃，同时外加了保护金属管，克服了其易碎的缺点。此外，石英具有适宜于高温高压下操作的特点，因此也拓宽了玻璃管式液位计的使用范围。为了液位读取方便，利用光线在液体与空气中折射率的不同，做成了双色玻璃管式液位计，气相为红色，液相为绿色，液位看起来特别明显。

现在常用的 UGS 型玻璃管式液位计（见图 4-17）的主要技术参数为：

① 测量范围：300mm、500mm、800mm、1100mm、1400mm、1700mm、2000mm。

② 工作压力：2.5MPa、4.0MPa、6.4MPa。

③ 工作温度：—50～520℃。

④ 钢球密封压力：≥0.3MPa。

⑤ 介质密度：≥0.45g/cm^3。

⑥ 伴热蒸汽压力：≤0.6MPa。

4.3.1.2　玻璃板式液位计

直读式玻璃板液位计是为克服各玻璃板液位计每段测量盲区而设计的，液位计本身前后两侧玻璃板交错排列，前面玻璃板可看到后面玻璃板之间的盲区，反之亦然。

WB 型玻璃板式液位计（见图 4-18）的主要技术参数有以下几项。

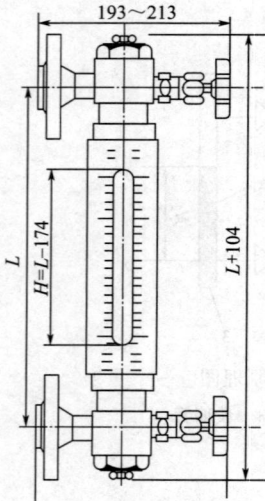

图 4-17　UGS 型玻璃管式
液位计外形尺寸图

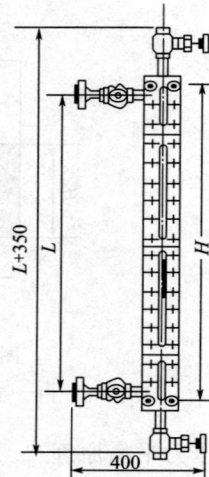

图 4-18　WB 型玻璃板式
液位计外形尺寸图

① 测量范围及可视高度见表 4-8。

表 4-8　WB 型玻璃板式液位计测量范围及可视高度表

测量范围 L/mm	500	800	1100	1400	1700
可视高度 H/mm	550	850	1150	1450	1750

② 工作压力：4.0MPa、6.4MPa。

③ 工作温度：≤250℃。

④ 钢球密封压力：≥0.3MPa。

⑤ 伴热蒸汽压力：≤1.0MPa。

4.3.2　差压式液位计

4.3.2.1　吹气法压力式液位计测量

吹气法压力式液位计测量原理见图 4-19。空气经过滤、减压后经针形阀节流，通过转子流量计到达吹气管切断阀入口，同时经三通进入压力变送器，稳压器稳住转子流量计两端的压力，使空气压力稍微高于被测液柱的压力，从而缓慢均匀地冒出气泡，这时测得的压力几乎接近液位的压力。

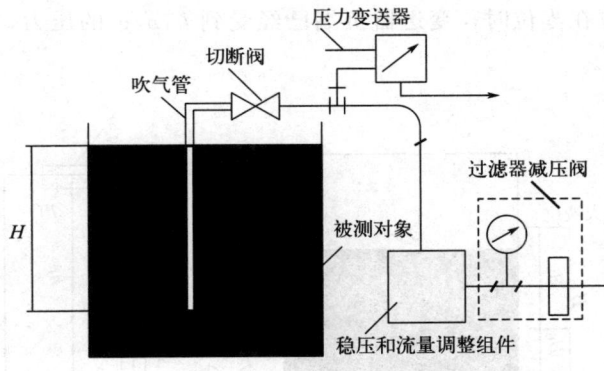

图 4-19　吹气法压力式液位计测量原理图

此方法适用于开口容器中黏稠或腐蚀介质的液位测量。方法简便可靠，应用广泛，但测量范围较小，适用于卧式储罐。

4.3.2.2　差压式液位计测量

（1）基本测量原理

差压式液位计测量原理见图 4-20。

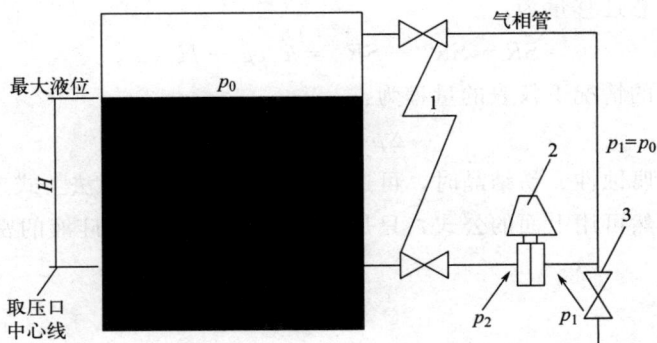

图 4-20　差压式液位计测量原理图

1—切断阀；2—差压仪表；3—气相管排液阀

$$\Delta p = p_2 - p_1 = H\rho g \quad \text{或} \quad H = \frac{p}{\rho g}$$

式中　Δp——测得压差；

　　　　ρ——介质密度；

　　　　H——液位高度。

通常被测液体的密度是已知的，差压变送器测得的压差与液位高度成正比，应用上式可以计算出液位的高度。

（2）带有正负迁移的差压式液位计测量原理

这种方法适用于气相易于冷凝的场合，见图 4-21。图中 ρ_1 为气相冷凝液的密度，h_1 为冷凝液的高度。当气相不断冷凝时，冷凝液自动从气相口溢出，回流到被测容器而保持 h_1 高度不变。当液位在零位时，变送器负端已经受到 $h_1\rho_1 g$ 的压力，这个压力必须加以抵消，这称为负迁移。

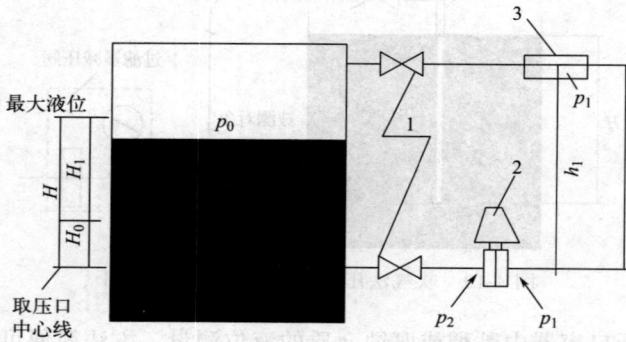

图 4-21　带有正负迁移的差压式液位计测量原理图
1—切断阀；2—差压仪表；3—平衡容器

负迁移量　　　　　　　　　　　$SR_1 = h_1\rho g$

当测量液位的起始点从 H_0 开始，变送器的正端有 $H_0\rho g$ 压力要加以抵消，这称为正迁移。

正迁移量　　　　　　　　　　　$SR_0 = H_0\rho g$

这时变送器的总迁移量为：

$$SR = SR_1 - SR_0 = h_1\rho g - H_0\rho g$$

在有正负迁移的情况下仪表的量程为：

$$\Delta p = H_1\rho g$$

当被测介质有腐蚀性、易结晶时，可选用带有腐蚀膜片的双法兰式差压变送器，迁移量及仪表的计算仍然可用上面的公式，只是 ρ_1 为毛细管中所充硅液的密度，h_1 为两个法兰中心高度之差。

4.3.3　浮力式液位计

这类仪表利用物体在液体中浮力的原理来实现液位测量。仪表分为浮子式液位计和浮筒式液位计。浮子式液位计运作时，浮子随着液面的上下而升降；而浮筒式液位计液位从零位到最高位后，浮筒全部浸没在液体之中，浮力使浮筒有一较小的向上位移。浮力式液位计主要有浮子式液位计、浮筒式液位计和磁性翻板式液位计，下面简要介绍磁性翻板式液位计。

液位计的安装结构示意图见图 4-22，与容器相连的浮子室（用非导磁的不锈钢制成）内装带磁钢的浮子，翻板指示标尺贴着浮子室安装。当液位上升或下降时，浮子也随之升降，翻板标尺中的翻板受到浮子内磁钢的吸引而翻转，翻转部分显示红色，未翻转部分显示绿色，红绿分界之处即表示液位所在。

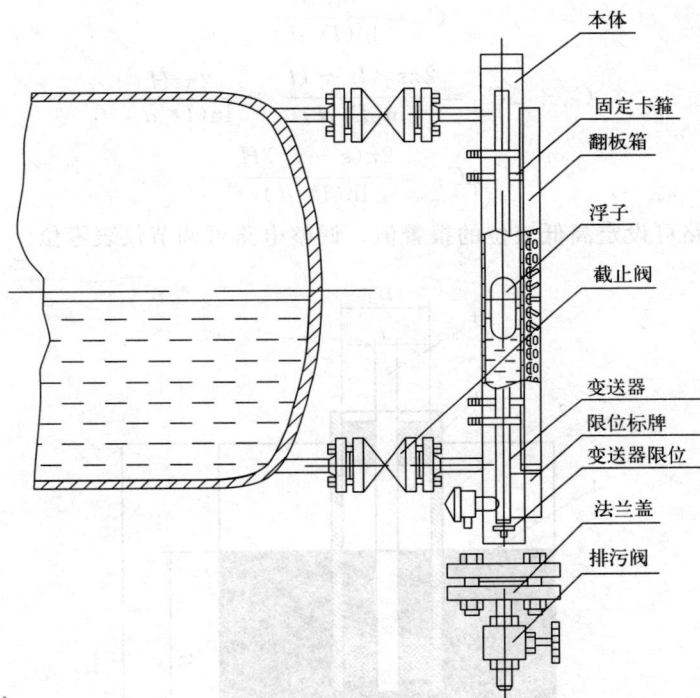

图 4-22　磁性翻板式液位计工作原理图

该类液位计的主要技术指标为：

① 测量范围：500～600mm。

② 精度：±10mm（就地指示型）。

③ 介质温度：－19.6～400℃。

④ 工作压力：1.0～40.0MPa。

⑤ 介质密度：$\geqslant 0.4 \times 10^3 \, kg/m^3$。

磁性翻板式液位计除了配上指示标尺作就地指示外，还可以配备报警开关和信号远传装置。前者作高低报警用，后者可将液位转换成 4～20mA 的直流信号传送到接收仪表，并有防爆型和本质安全型两种结构供选择。

4.3.4　电容式液位计

（1）基本原理

电容式液位计由测量电极、前置放大单元及指示仪表组成。图 4-23 表示电极与被测容器之间所形成的等效电容，C_0 为电极安装后空罐时的电容值 [式(4-1)]，（$\Delta C_L + C_0$）为某液位时的电容值 [式(4-2)]。只要测得由液位升高而增加的电容值 ΔC_L [式(4-3)]，就可测得罐中的液位。

$$C_0 = \frac{2\pi\varepsilon_0 L}{\ln(D/d)} \tag{4-1}$$

$$C_0 + \Delta C_L = \frac{2\pi\varepsilon_0(L-H)}{\ln(D/d)} + \frac{2\pi\varepsilon H}{\ln(D/d)} \tag{4-2}$$

$$\Delta C_L = \frac{2\pi(\varepsilon-\varepsilon_0)H}{\ln(D/d)} \tag{4-3}$$

另外报警回路可设定高低液位的报警值，调整电路可调节仪表零位。

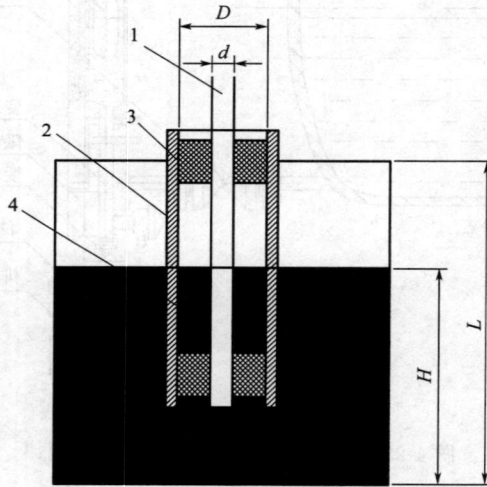

图 4-23　电容式液位计测量原理图

1—内电极；2—外电极；3—绝缘套；4—流通小孔

（2）主要技术参数

① 测量范围：按电极长度划分为 0.5m、1.0m、1.5m、2.0m、3.0m、4.0m、6.0m、10m。

② 精度：普通型±1%，本安型±1.5%。

③ 输出信号：0～10mA DC，4～20mA DC。

④ 电极工作温度：−40～80℃。

⑤ 电极工作压力：2.5MPa。

⑥ 高低报警设定误差：±5%。

⑦ 电极结构：根据介质的化学性质、导电性能、被测容器等来选用绝缘电极、裸露

电极、套管式电极或绳式电极。

4.4　流量测量

4.4.1　节流式流量计

节流式流量计是利用液体流经节流装置时产生压差而实现流量测量的。它通常由能将被测流量转换成压差信号的节流件（如孔板、喷嘴等）和测量压差的压差计组成。

4.4.1.1　流量基本方程

表示流量计流量和压差之间关系的方程称为流量基本方程（式 4-4），它是由连续性方程和伯努利方程导出的，即

$$Q = \alpha A_0 \varepsilon \sqrt{\frac{2}{\rho}(p_1 - p_2)} \tag{4-4}$$

式中　Q——流体流量，$\mathrm{m^3/s}$；

　　　α——实际流量系数（简称流量系数）；

　　A_0——节流孔开孔面积，$\mathrm{m^2}$，$A_0 = \dfrac{\pi}{4}d_0^2$，$d_0$ 为直径，m；

　　　ε——流束膨胀校正系数；

　　　ρ——流体密度，$\mathrm{kg/m^3}$；

$p_1 - p_2$——节流孔上下游两侧压力差，Pa。

（1）流束膨胀校正系数 ε

对不可压缩性流体，$\varepsilon = 1$；对可压缩性流体，$\varepsilon < 1$。ε 值与直径比 β（$\beta = d_0/D$）、压力相对变化值 $\Delta p / p_1$、气体等熵指数 k 及节流件的形式等因素有关。

（2）实际流量系数 α

实际流量系数 α 是一个影响因素复杂、变化范围较大的量，其数值与下列因素有关：

① 节流装置的形式；

② 截面比 m 和直径比 β

$$m = \frac{A_0}{A} = \frac{d_0^2}{D^2} \quad \beta = \frac{d_0}{D}$$

A、D 分别为管道的截面积和内径；

③ 按管道计算的雷诺数 Re_D 和流体的黏度

$$Re_\mathrm{D} = \frac{u_\mathrm{D} D \rho}{\mu}$$

④ 各节流件的取压方式；

⑤ 管道的内壁粗糙度；

⑥ 孔板入口边缘的尖锐程度。

实际流量系数 α 与各因素的关系常用如下数学形式表示：

标准孔板：$\qquad\qquad\qquad\qquad \alpha=k_1 k_2 k_3 \alpha_0$

其他标准节流件：$\qquad\qquad\quad \alpha=k_1 k_2 \alpha_0$

式中　α_0——原始流量系数（它是在光滑管中管内雷诺数 Re_D 大于界限雷诺数 Re_k 的条件下，用实验方法测得的）；

　　　k_1——黏度校正系数；

　　　k_2——管壁粗糙度校正系数；

　　　k_3——孔板入口边缘不尖锐程度的校正系数。

以上各值均可以从有关专著中查到。

4.4.1.2 流量系数与雷诺数 Re_D 之间的关系

这里讲的流量系数包括实际流量系数 α 和原始流量系数 α_0。两者数值不同，但随 Re_D 变化的规律相似。

在节流件的结构形式和尺寸、取压方式及管道粗糙度均一定的情况下，实际流量系数 $\alpha=f(Re_D,\beta)$。对于几何相似的节流装置，因为 β 一定，故流量系数 α 仅随雷诺数 Re_D 而变，即

$$\alpha=(Re_D)$$

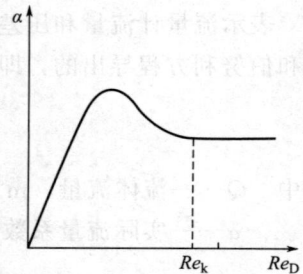

图 4-24　$\alpha\text{-}Re_D$ 的变化关系

图 4-24 示出了某一具体节流装置的 α 与 Re_D 的关系。由图可见，当管内的雷诺数 Re_D 较小时，α 随 Re_D 的变化很大，且规律复杂。当 Re_D 大于某一界限值（Re_k）以后，α 不再随 Re_D 变化，而趋向于一个常数。

因为只有在 α 为常数的情况下，流量基本方程中的流量 Q 与压差（p_1-p_2）才具有比较简单、明确而且容易确定的数学关系，因而也便于确定直读流量标尺的刻度。所以一般都千方百计地让流量计在 α 为常数的范围内测量。这样，界限雷诺数的确定就成了一个十分重要的问题。图 4-25 为 3 种标准节流装置的 $\alpha_0\text{-}Re_D$ 关系图。

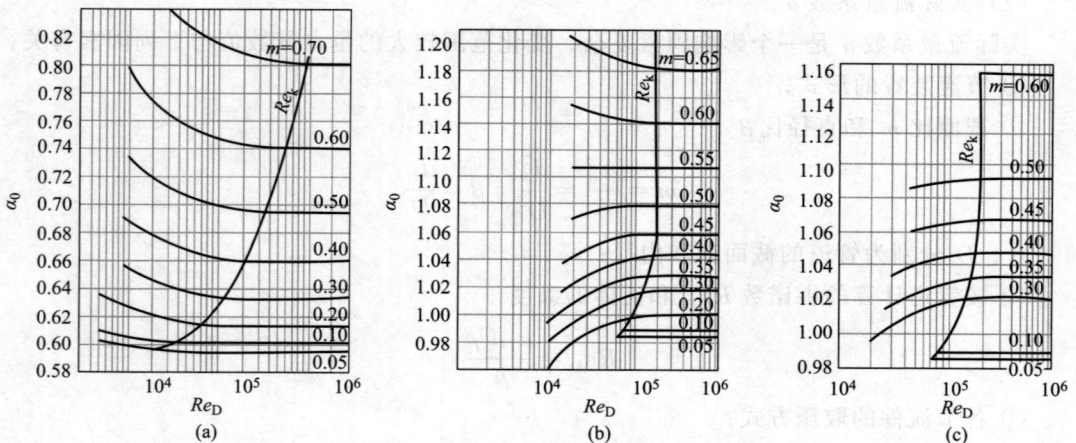

图 4-25　标准节流装置的原始流量系数与雷诺数关系图

（a）标准孔板；（b）标准喷嘴；（c）标准文丘里管

4.4.1.3　标准节流装置

标准节流装置由标准节流件、标准取压装置和节流件前后测量管 3 部分组成。目前，国际标准已作规定的标准节流装置有以下几种：

① 角接取压标准孔板；

② 法兰取压标准孔板；

③ 径距取压标准孔板；

④ 角接取压标准喷嘴（ISA1932 喷嘴）；

⑤ 径距取压长径喷嘴；

⑥ 文丘里喷嘴；

⑦ 古典文丘里管。

下面简述几种节流件。

（1）孔板

孔板的特点：结构简单，易加工，造价低，但能量损失大于喷嘴和文丘里管流量计。孔板安装应注意方向，不得装反。加工时要求严格，特别是 G、H 和 I 处要尖锐（见图 4-26），无毛刺等，否则将影响测量精度。因此对于在测量过程中易使节流装置变脏、磨损和变形的脏污或腐蚀性的介质，不宜使用孔板。

（2）喷嘴

喷嘴（见图 4-27）特点：能量损失仅次于文丘里管，有较高的测量精度，对腐蚀性大、易磨损喷嘴和脏污的被测介质不太敏感，所以在测量这类介质时，可选用这种节流件；此外，喷嘴前后所需的直管段长度较短。

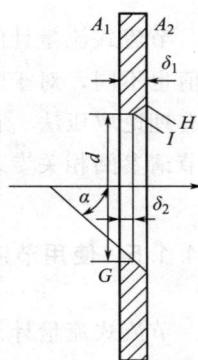

图 4-26　标准孔板

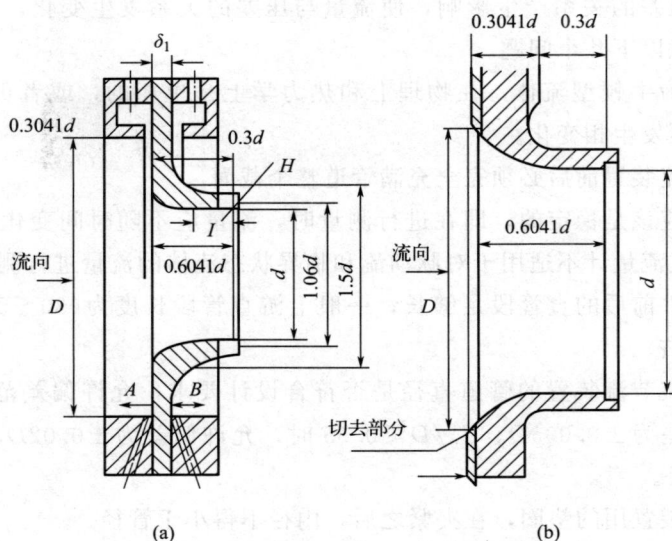

图 4-27　标准喷嘴图

（a）$\beta < 2/3$；（b）$\beta > 2/3$

（3）文丘里管

文丘里管（见图 4-28）的特点：能量损失是各种节流件中最小的，流体流过文丘里管后压力基本能恢复；但制造工艺复杂，成本高。

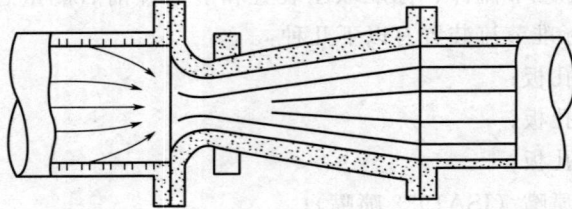

图 4-28　文丘里管及节流现象的示意图

4.4.1.4　取压方式

节流式流量计的输出信号是节流件前后取出的压差信号，不同的取压方式，取出的压差值也不同，对于同一个节流件，它的流量系数也将不同。目前国际上通常采用的取压方式有理论取压法、径距取压法 [$(1.0 \sim 0.5)D$ 取压法]、角接取压法和法兰取压法。具体细节请参阅相关专著。

4.4.1.5　使用节流式流量计的技术问题

节流式流量计是基于如下工作原理计量的：一定的流量使管内节流件前后有一定的速度分布和流动状态，流体经过节流孔时产生速度变化和能量损失以致产生压差，通过测量压差可获得该流量。由此可知，影响速度分布、流动状态、速度变化和能量损失的所有因素都会对流量与压差的关系产生影响，使流量与压差的关系发生变化，从而导致测量误差。因此，需注意以下几个问题。

① 流体必须为牛顿型流体，在物理上和热力学上是单相的，或者可认为是单相的，且流经节流件时不发生相变化。

② 流体在节流装置前后必须完全充满管道整个截面。

③ 被测流量应该是稳定的，即在进行测量时，流量应不随时间变化，或即使变化也非常缓慢。节流式流量计不适用于对脉动流和临界状态流体的流量进行测量。

④ 保证节流件前后的直管段足够长，一般上游直管段长度为$(30 \sim 50)D$，下游直管段长度为 $10D$ 左右。

⑤ 需检查安装节流装置的管道直径是否符合设计要求，允许偏差范围：当 $d_0/D >$ 0.55 时，允许偏差为 $\pm 0.005D$；$d_0/D \leqslant 0.55$ 时，允许偏差为 $\pm 0.02D$。其中，d_0 为孔径，D 为管道直径。

⑥ 安装节流装置用的垫圈，在夹紧之后，内径不得小于管径。

⑦ 节流件的中心应位于管道的中心线上，最大允许偏差为 $0.01D$。节流件入口端面应与管道中心线垂直。

⑧ 在节流件上下游至少 2 倍管道直径的距离内，无明显不光滑的凸块、电气焊熔渣凸出的垫片、露出的取压口接头、铆钉、温度计套管等。

⑨ 取压口、导压管和压差测量问题对流量测量精度的影响也很大，安装时可参看压差测量部分。

⑩ 经长期使用的节流装置必须考虑有无腐蚀、磨损、结污问题，若观察到节流件的几何形状和尺寸已发生变化时，应采取有效措施妥善处理。

⑪ 注意节流件的安装方向。使用孔板时，圆柱形锐孔应朝向上游；使用喷嘴和 1/4 圆喷嘴时，喇叭形曲面应向上游；使用文丘里管时，较短的渐缩段应装在上游，较长的渐扩段应装在下游。

⑫ 当被测流体的密度与设计计算或流量标定用的流体密度不同时，应对流量与压差关系进行修正。

4.4.2　转子流量计

转子流量计通过改变流通面积的方法来测量流量。转子流量计具有结构简单、价格便宜、刻度均匀、直观、量程比（仪器测量范围上限与下限之比）大、使用方便、能量损失较少等特点，特别适合于小流量测量。若选择适当的锥形管和转子材料还可以测量有腐蚀性流体的流量，所以它在化工实验和生产中被广泛采用。转子流量计测量基本误差约为刻度最大值的 $\pm 2\%$ 左右。

4.4.2.1　结构形式

转子流量计的具体结构形式见图 4-29。

4.4.2.2　流量基本方程及其应用

转子流量计的流量方程为：

$$Q = \left[\alpha \sqrt{\frac{2g}{\rho} \times \frac{V_f(\rho_f - \rho)}{A_f}} \right] A_0$$

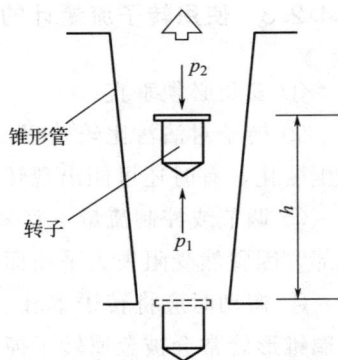

图 4-29　转子流量计的示意图

上式表明流量 Q 为转子最大截面处环形通道面积 A_0 的函数；Q-A_0 关系与被测流体的密度 ρ、转子材料和尺寸（ρ_f、A_f、V_f）、流量系数 α 有关。因为使用了锥形管，所以环形通道面积 A_0 随高度而变。

下面是流量基本方程在几个方面的应用：

① 转子流量计的流量与流量读数的关系，是用水（对于液体）或空气（对于气体），在 20℃、1atm（1atm＝101325Pa）的条件（标准状况）下标定的。即一般生产厂家用密度 $\rho_{液标} = 998.2 kg/m^3$ 的水和密度 $\rho_{气标} = 1.205 kg/m^3$ 的空气标定的。若被测液体介质密度 $\rho_{液} \neq \rho_{液标}$，被测气体介质密度 $\rho_{气} \neq \rho_{气标}$ 时，必须对流量标定值 $Q_{液标}$ 或 $Q_{气标}$ 按下式进行修正，才能得到测量条件下的实际流量值 $Q_{液}$ 或 $Q_{气}$。

对于液体：

$$Q_液 = Q_{液标}\sqrt{\frac{\rho_t - \rho_液}{\rho_t - \rho_{液标}} \times \frac{\rho_{液标}}{\rho_液}}$$

对于气体：

$$Q_气 = Q_{气标}\sqrt{\frac{\rho_t - \rho_气}{\rho_t - \rho_{有用气标}} \times \frac{\rho_{气标}}{\rho_气}} \approx Q_{气标}\sqrt{\frac{\rho_{气标}}{\rho_气}}$$

② 需要改量程时，一般采用另一材料制作转子，维持其形状和尺寸不变。设被更换转子前后的流量分别为 Q、Q'，转子密度分别为 ρ_i、ρ_i'，则 Q' 可由下式求出

$$Q' = Q\sqrt{\frac{\rho_i' - \rho}{\rho_i - \rho}}$$

③ 改变量程的第二种方法是将实心转子掏空或向空心转子内加填充物，在转子形状不变的前提下改变转子质量 M_f。由流量基本方程可知，转子质量改变后的流量 Q' 与改变前的流量 Q 遵循下式：

$$Q' = Q\sqrt{\frac{V_f'(\rho_f - \rho)}{V_f(\rho_f - \rho)}} = Q\sqrt{\frac{M_f' - V_f'\rho}{M_f - V_f\rho}}$$

式中，M_f'、V_f' 分别为改变后的转子质量和转子体积。若 V_f' 不同于原有体积 V_f，则应重新对流量计进行标定。

4.4.2.3 使用转子流量计的一些问题

① 安装必须垂直。

② 转子对沾污比较敏感。如果沾附有污垢则转子质量 M_f、环形通道的截面积 A_f 会发生变化，有时还可能出现转子不能上下垂直浮动的情况，从而引起测量误差。

③ 调节或控制流量不宜采用速开阀门（如电磁阀等），迅速开启阀门，转子就会冲到顶部，因骤然受阻失去平衡而将玻璃管撞破或将玻璃转子撞碎。

④ 搬动时应将转子卡住，特别是对于大口径转子流量计更应如此。因为在搬动中，玻璃锥形管常会被金属转子撞破。

⑤ 被测流体温度若高于 70℃ 时，应在流量计外侧安装保护罩，以防玻璃管因溅有冷水而骤冷破裂。国产 LZB 系列转子流量计的最高工作温度有 120℃ 和 160℃ 两种。

⑥ 国产 LZB 系列的流量范围：液体为 $(1.0\sim10)$ L/h～$(8\sim40)$ m³/h，气体为 $(16\sim160)$ L/h～$(200\sim1000)$ m³/h。公称直径范围为 4～100mm。

4.4.3 涡轮流量计

涡轮流量计为速度式流量计，是在动量矩守恒定律的基础上设计的。涡轮叶片因流动流体冲击而旋转，旋转速度随流量的变化而改变。通过适当的装置，将涡轮转速转换成电脉冲信号，通过测量脉冲频率，或用适当的装置将电脉冲转换成电压或电流输出，最终测取流量。

涡轮流量计的优点：

① 测量精度高。精度可以达到 0.5 级以上，在狭小范围内甚至可达 0.1%，故可作为校验 1.5～2.5 级普通流量计的标准计量仪表。

② 对被测信号的变化反应快。被测介质为水时，涡轮流量计的时间常数一般只有几毫秒到几十毫秒，故特别适用于对脉动流量的测量。

4. 4. 3. 1　结构和工作原理

如图 4-30 所示，涡轮流量计传感器的主要组成部分有前、后导流器，涡轮和支承，磁电转换器（包括永久磁铁和感应线圈），前置放大器。

导流器由导向环（片）及导向座组成。流体在进入涡轮前先经导流器导流，以避免流体的自旋改变流体与涡轮叶片的作用角度，保证仪表的精度。导流器装有摩擦很小的轴承，用以支承涡轮。轴承的合理选用对延长仪表的使用寿命至关重要。

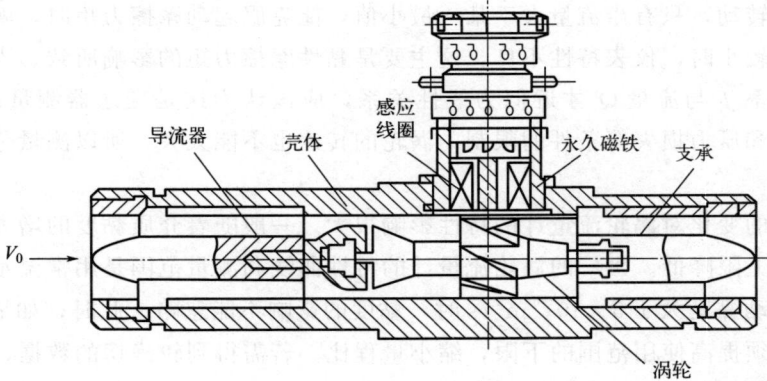

图 4-30　涡轮流量计传感器的结构

涡轮由导磁的不锈钢制成，装有数片螺旋形叶片。当导磁性叶片旋转时，便周期性地改变磁电系统的磁阻值，使通过涡轮上方线圈的磁通量发生周期变化，因而在线圈内感应出脉冲电信号。在一定流量范围内，导磁性叶片旋转的速度与被测流体的流量成正比，因此通过脉冲电信号频率的大小可得到被测流体的流量。

4. 4. 3. 2　涡轮流量计的特性

涡轮流量计的特性曲线有两种表示方法：①脉冲信号的频率（f）与体积流量（Q）曲线；②仪表常数（ξ）与体积流量（Q）曲线，仪表常数 ξ 为每升流体通过时输出的电脉冲数（脉冲数/L），即

$$Q = \frac{f}{\xi}$$

特性曲线如图 4-31 所示。ξ 与 Q 的特性曲线应用较为普遍。

从涡轮流量计的特性曲线示意图（图 4-31）可以看出：①流量很小的流体通过流量计

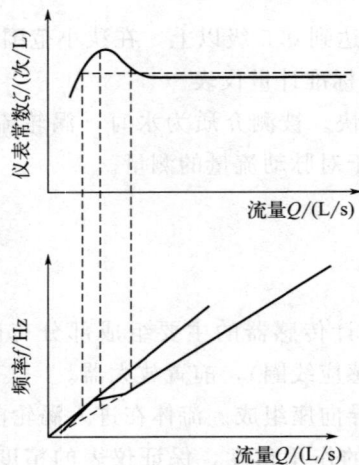

图 4-31 涡轮流量计的特性曲线

时，涡轮并不转动，只有当流量大于某一最小值，能克服起动摩擦力矩时，涡轮才开始转动；②当流量较小时，仪表特性不良，这主要是黏性摩擦力矩的影响所致。当流量大于某一数值后，频率 f 与流量 Q 才近似为线性关系，应该认为这是变送器测量范围的下限。由于轴承寿命和压力损失等条件的限制，涡轮的转速也不能太大，所以测量范围上限也有限制。

介质黏度的变化对涡轮流量计的特性影响很大。一般随着介质黏度的增大，测量范围的下限提高，上限降低。出厂的涡轮流量计的特性曲线和测量范围是用常温水标定的。当被测介质的运动黏度大于 $5 \times 10^{-6} \, \mathrm{m}^2/\mathrm{s}$ 时，黏度的影响不能忽略。此时，如欲维持较高的测量精度，必须提高使用范围的下限，缩小量程比。若需得到较确切的数据，则可用被测实际流体对仪表进行重新标定。

流体密度的大小对涡轮流量计特性的影响也很大。一是影响仪表的灵敏限，通常是密度大者，灵敏限小，所以涡轮流量计对大密度流体的敏感度较好。二是影响仪表常数的值。三是影响测量范围的下限，通常是密度大者，测量范围的下限低。

4.4.3.3 涡轮流量计的使用技术问题

① 必须了解被测流体的物理性质、腐蚀性和清洁程度，以便选用合适的涡轮流量计的轴承材料和类型。

② 涡轮流量计的一般工作点最好在仪表测量范围上限数值的 50% 以上，这样，流量稍有波动时，不会使工作点移到特性曲线下限以外的区域。

③ 应了解介质密度和黏度及其变化情况，考虑是否有必要对流量计的特性进行修正。

④ 由于涡轮流量计出厂时是在水平安装情况下标定的，所以应用时，必须水平安装，否则会引起仪表常数的变化。

⑤ 为了确保涡轮正常工作，流体必须洁净，切勿使污物、铁屑、棉纱等进入流量计。因此需在流量计前加装滤网，网孔大小一般为 100 孔$/\mathrm{cm}^2$，特殊情况下可选用 400 孔$/\mathrm{cm}^2$。

这一问题不容忽视，否则将导致测量精度下降、数据重现性差、使用寿命缩短、涡轮不能自如转动，甚至出现被卡住和被损坏等不良后果。

⑥ 因为流场变化时会使流体旋转，改变流体和涡轮叶片的作用角度，此时，即使流量稳定，涡轮的转数也会改变，所以为了保证变送器性能稳定，除了在其内部设置导流器之外，还必须在变送器前后分别留出长度为管径 15 倍和 5 倍以上的直管段。实验前，若再在变送器前装设流束导直器或整流器，变送器的精度和重现性将会提高。

⑦ 被测流体的流动方向须与变送器所标箭头方向一致。

⑧ 感应线圈绝不要轻易转动或移动，否则会引起很大的测量误差，一定要动时，事后必须重新校验。

⑨ 轴承损坏是涡轮运转不好的常见原因之一。轴承和轴的间隙应等于 $(2 \sim 3) \times 10^{-2} mm$，太大时应更换轴承。更换后流量计必须重新校验。

4.4.4　流量计的检验和标定

能够正确地使用流量计，才能得到准确的流量测量值。应该充分了解该流量计构造和特性，采用与其相适应的方法进行测量，同时还要注意使用中的维护、管理。每隔适当的时间要标定一次。当遇到下述几种情况，均应考虑对流量计进行标定。

① 使用长时间放置的流量计；

② 要进行高精度测量时；

③ 对测量值产生怀疑时；

④ 当被测流体特性不符合流量计标定用的流体特性时。

标定液体流量计的方法可按校验装置中的标准器形式分为容器式、称重式、标准体积管式和标准流量计式等。

标定气体流量计和标定液体流量计一样有各种注意事项。但标定气体流量计时需特别注意测量流过被标定流量计和标准器的实验气体的温度、压力和湿度，另外实验气体的特性必须在实验之前了解清楚。例如，气体是否溶于水，在温度、压力的作用下其性质是否会发生变化。按使用的标准容器形式来划分，校验方式有容器式、音速喷嘴式、肥皂膜实验器式、标准流量计式、湿式流量计式等。

化工原理仿真实验

化工原理仿真实验借助计算机、网络和多媒体部件，模拟设备的流程和操作。动态数学模型是仿真系统的核心，它一般由微分方程组成，能够描述与操作过程相似的行为数据，具有通用性好、仿真精度高的特点。

化工原理仿真实验通过仿真软件实施操作，每个单元操作可以独立运行，在操作系统界面点击实验名称即可启动实验，学生可以在仿真实验中了解整个实验的操作过程。

实验一 离心泵性能曲线测定

一、实验装置

打开离心泵主菜单界面，如图 5-1 所示。

二、实验步骤

1. 灌泵

如图 5-2 所示，打开灌泵阀。在压力表上单击鼠标左键，当读数大于 0 时，说明泵壳内已经充满水，调节排气阀开度大于 0，放出泵壳上部留有的少量气体，关闭排气阀和灌泵阀，灌泵工作完成。

2. 开泵

打开泵的电源开关，启动离心泵（图 5-3）。

注意：在启动离心泵时，流量调节阀应关闭，如果流量调节阀全开，会导致泵启动时功率过大，从而可能引发烧泵事故。

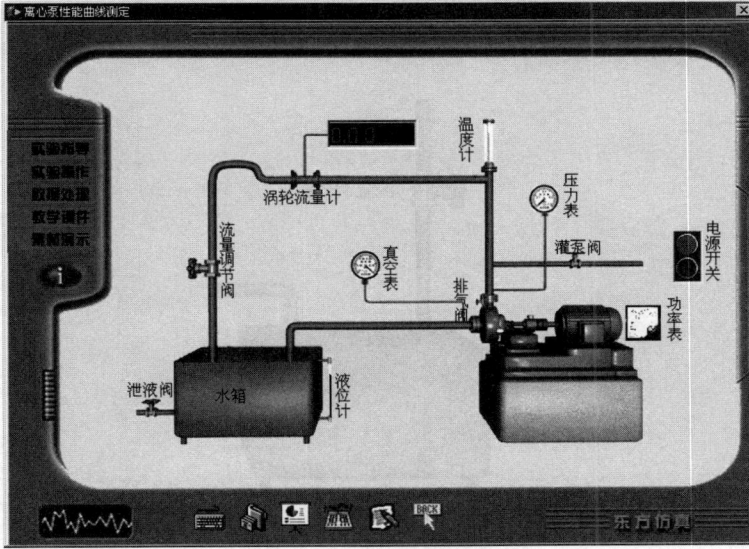

图 5-1　离心泵主菜单界面

图 5-2　灌泵界面

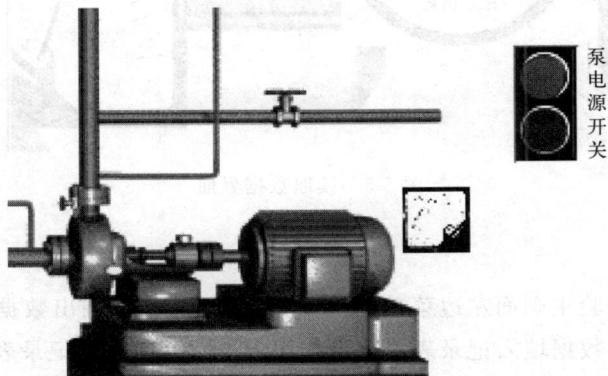

图 5-3　开泵界面

3. 建立流动

启动离心泵后，调节流量调节阀的开度为 100（图 5-4）。

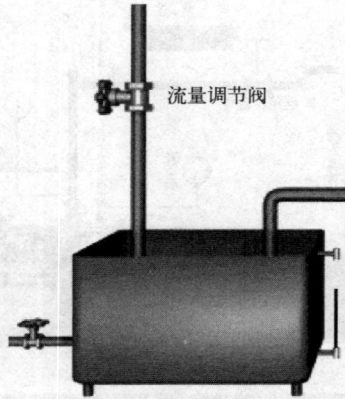

图 5-4　建立流动界面

4. 读取数据

等涡轮流量计的示数稳定后，即可读数。鼠标左键点击压力表、真空表和功率表，即可将其放大，以读取数据，如图 5-5 所示。

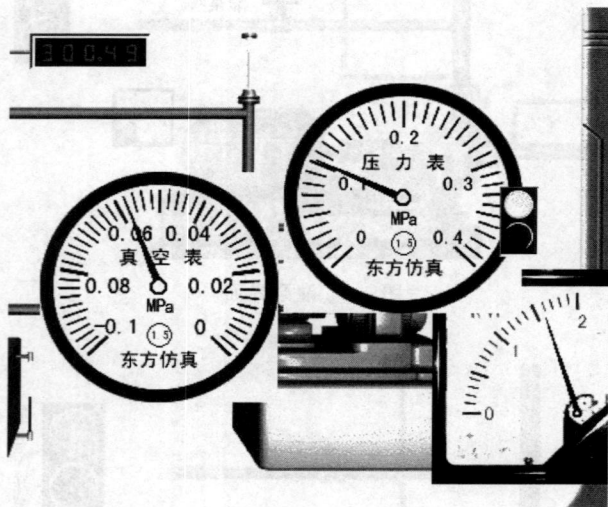

图 5-5　读取数据界面

5. 记录数据

鼠标左键点击实验主画面左边菜单中的"数据处理"，可调出数据处理窗口，在原始数据页按项目分别将数据填入记录表，也可在用点击"打印数据记录表"键所打印的数据记录表中记录数据，两者形式基本相同，注意单位换算。

6. 数据处理

如果使用"自动记录"功能或已经将数据记录在数据库内，则可以跳过此步，如果是将数据记录在用点击"打印数据记录表"键所打印的数据记录表内，则将数据填入表格中。

填好数据后，如果不采用"自动计算"功能，则可以在原始数据页找到计算所需的参数，如果要使用"自动计算"功能，在相应的计算结果页点击"自动计算"，数据即可自动计算并自动填入，如图 5-6 所示。

序号	流量Q(m³/s)	扬程(m液柱)	N(或N电)(kw)	η(或η总)(%)
1	4.679056E-03	13.50836	1.42	43.4032
2	4.402267E-03	15.02641	1.38	46.74141
3	4.072756E-03	16.74733	1.34	49.63388
4	3.479636E-03	18.96741	1.26	51.07643
5	3.031501E-03	20.48221	1.2	50.45478
6	2.530644E-03	21.79296	1.1	48.88817
7	2.082509E-03	22.90439	1.03	45.15623
8	1.687096E-03	23.20004	.95	40.17485
9	1.159879E-03	23.59816	.84	31.77318
10	7.381046E-04	23.59171	.74	22.94536

姓名：佘江燕　日期：1999/6/23　离心泵型号：xyz123-5　转速：2900　液体密度(kg/m³)：995

图 5-6　数据处理自动计算界面

7. 特性曲线绘制

计算完成后，在曲线页面点击"开始绘制"即可根据数据自动绘制曲线，如图 5-7 所示。

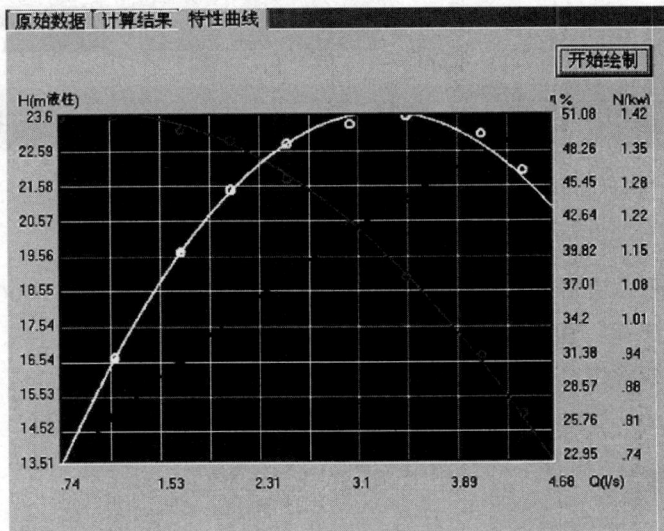

图 5-7　数据处理特性曲线绘制界面

三、实验报告

点击数据处理窗口下面一排按钮中的"打印"按钮，即可调出实验报表窗口。

点击数据处理窗口下面一排按钮中的"保存"按钮，可保存原始数据到磁盘文件，并可点击"读入"按钮读入该数据文件。

实验二 流体阻力实验

一、实验装置

打开流体阻力主菜单界面，如图 5-8 所示。

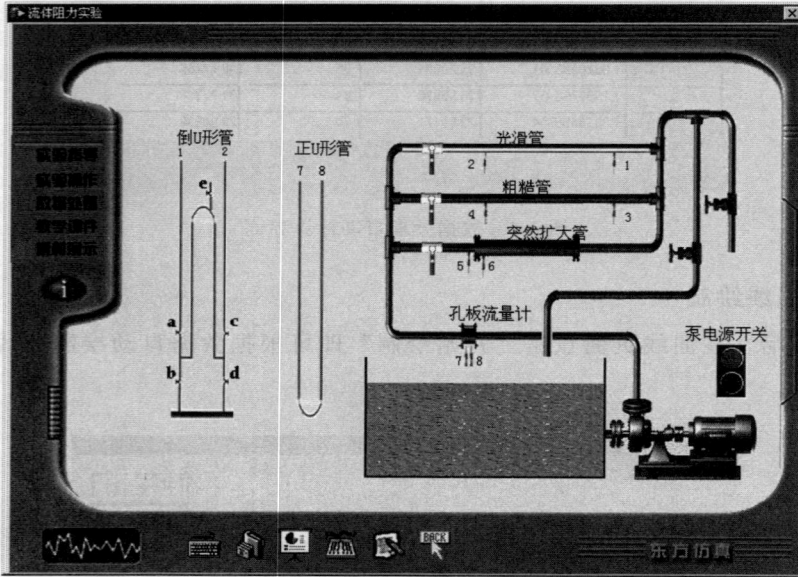

图 5-8 流体阻力主菜单界面

设备参数：

光滑管：玻璃管，管内径＝20mm，管长＝1.5m，绝对粗糙度＝0.002mm

粗糙管：镀锌铁管，管内径＝20mm，管长＝1.5m，绝对粗糙度＝0.2mm

突然扩大管：细管内径＝20mm，粗管内径＝40mm

孔板流量计：开孔直径＝12mm，孔流系数＝0.62

二、实验步骤

1. 开泵

因为离心泵的安装高度比水的液面低，因此不需要灌泵。直接点击电源开关的绿色按钮接通电源，即可启动离心泵，开始实验，如图 5-9 所示。

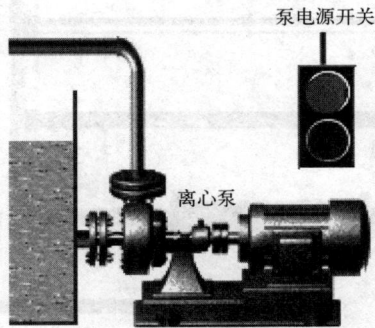

图 5-9　开泵界面

2. 管道系统排气以及调节倒 U 形压差计

将管道中所有阀门打开，使水在 3 个管路中流动一段时间，直到排尽管道中的空气，然后点击倒 U 形压差计，会出现一段调节倒 U 形管的动画（图 5-10）。最后关闭各阀门，开始实验操作。

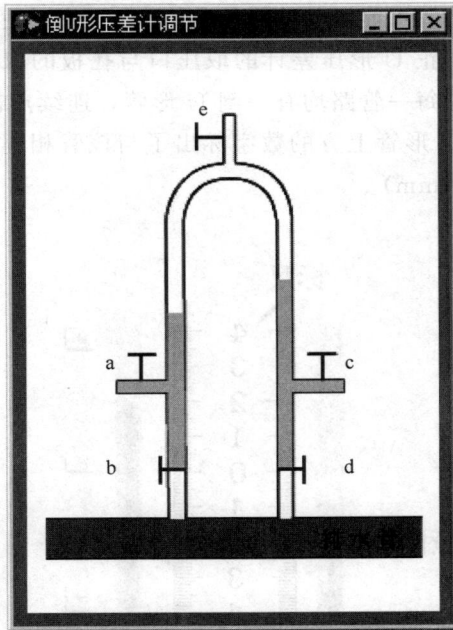

图 5-10　调节倒 U 形管的动画界面

3. 测量光滑管数据

（1）光滑管建立流动。启动离心泵并调节完倒 U 形压差计后，如图 5-11 所示，依次调节阀 1、阀 2、阀 3 的开度大于 0，即可建立流动。关闭粗糙管和突然扩大管的球阀，打开光滑管的球阀，使水只在光滑管中流动。

（2）读取数据。鼠标左键点击正或倒 U 形压差计，即可看到如图 5-12 的画面（红色

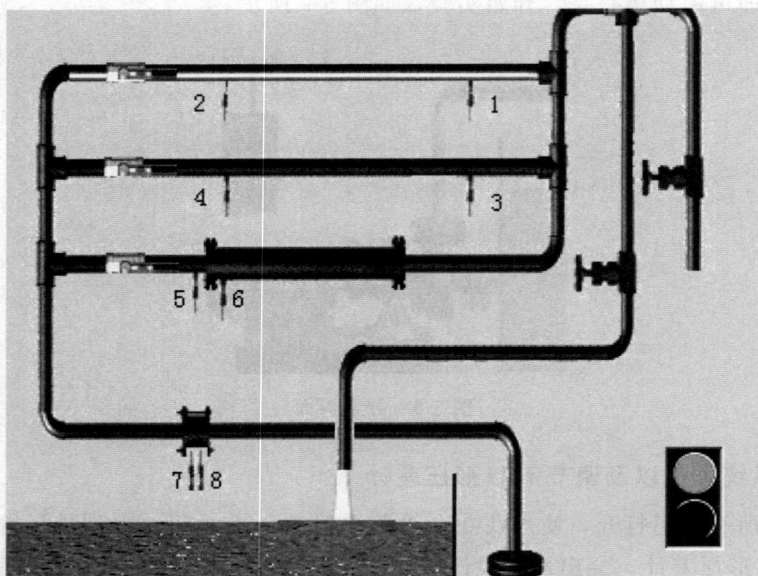

图 5-11　光滑管建立流动界面

液面只是作指示用，真实装置可能为其他颜色，如水银为银白色）。倒 U 形压差计的取压口与管道上的取压口相连，正 U 形压差计的取压口与孔板的取压口相连。用鼠标上下拖动滚动条即可读数。实验中每一管路均有一倒 U 形管，连续点击图中的倒 U 形管即可在 3 个倒 U 形管中切换。倒 U 形管上方的数字标出了与该管相连的管路。注意：读数为两液面高度差，单位为毫米（mm）。

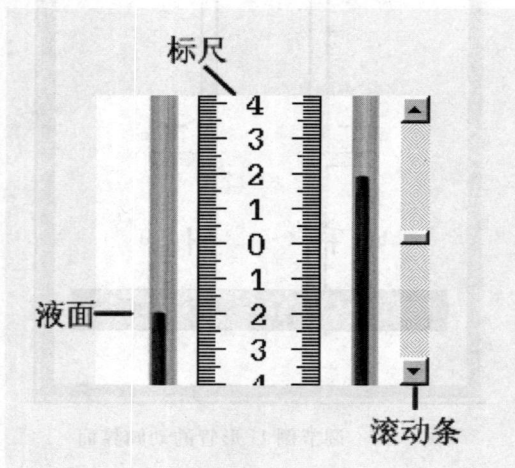

图 5-12　读取数据界面

（3）记录数据。如图 5-13 所示，鼠标左键点击实验主画面左边菜单中的"数据处理"，可调出数据处理窗口，点击原始数据页，按标准数据库操作方法在正 U 形压差计和倒 U 形压差计两栏中分别填入从正 U 形压差计和倒 U 形压差计所读取的数据。注意：如果使用自动记录功能，则当点击"自动记录"键时，数据会被自动写入而不需手动填写。

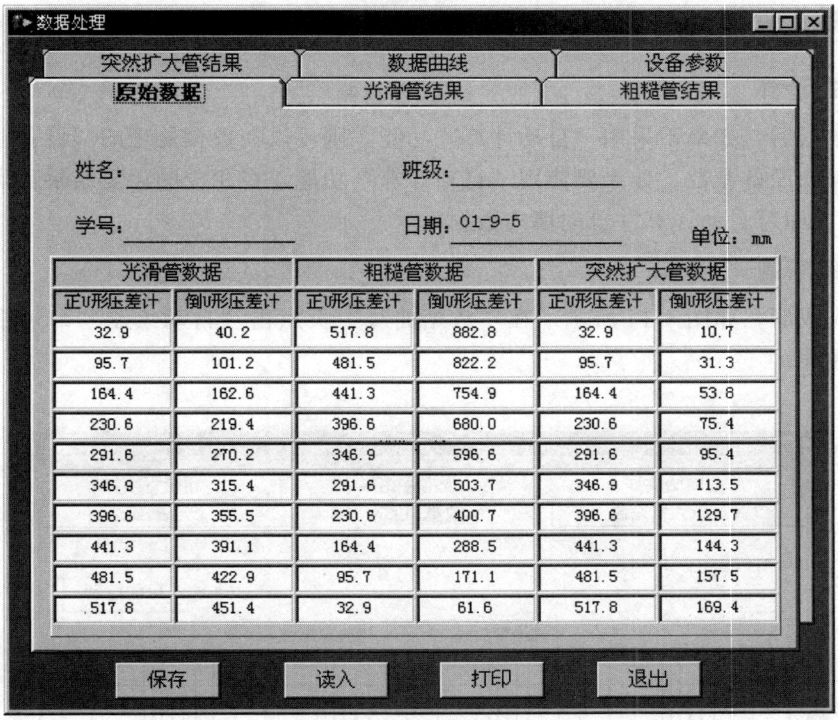

图 5-13 记录数据界面

（4）记录多组数据。调节阀门开度以改变流量，重复上述（2）～（3），为了实验精度和回归曲线的需要至少应测量 10 组数据。

4. 测量粗糙管数据

完成光滑管数据的测量和记录后，建立粗糙管的流动。测量粗糙管的数据与测量光滑管的数据操作步骤相同，重复测量光滑管数据步骤的（2）～（4），为了实验精度和回归曲线的需要至少应测量 10 组数据。完成后进入下一步，测量突然扩大管数据。

5. 测量突然扩大管数据

完成粗糙管数据的测量和记录后，建立突然扩大管的流动。测量突然扩大管的数据与测量光滑管的数据操作步骤相同，重复测量光滑管数据步骤的（2）～（4），为了实验精度和回归曲线的需要至少应测量 10 组数据。完成后进入数据处理。

三、注意事项

1. 为了接近理想的光滑管，我们选用了玻璃管，实际上在普通实验室中很少采用玻璃管。

2. 为了更好地回归处理数据，应尽量多地测量数据，并且尽量使数据分布在整个流量范围内。

3. 在层流范围内，用阀门按钮调节很难控制精度，请在阀门开度栏内自己输入开度数值（阀门开度小于 5）。

四、数据处理

1. 数据计算

填好数据后，如果不采用"自动计算"功能，则可以在数据处理的"设备参数"页得到计算所需的设备参数。如果要使用"自动计算"功能，在相应的计算结果页点击"自动计算"，数据即可自动计算并自动填入数据库。

2. 曲线绘制

计算完成后，如图 5-14 所示，在"数据曲线"页点击"自动绘制"即可根据数据自动绘制出曲线。

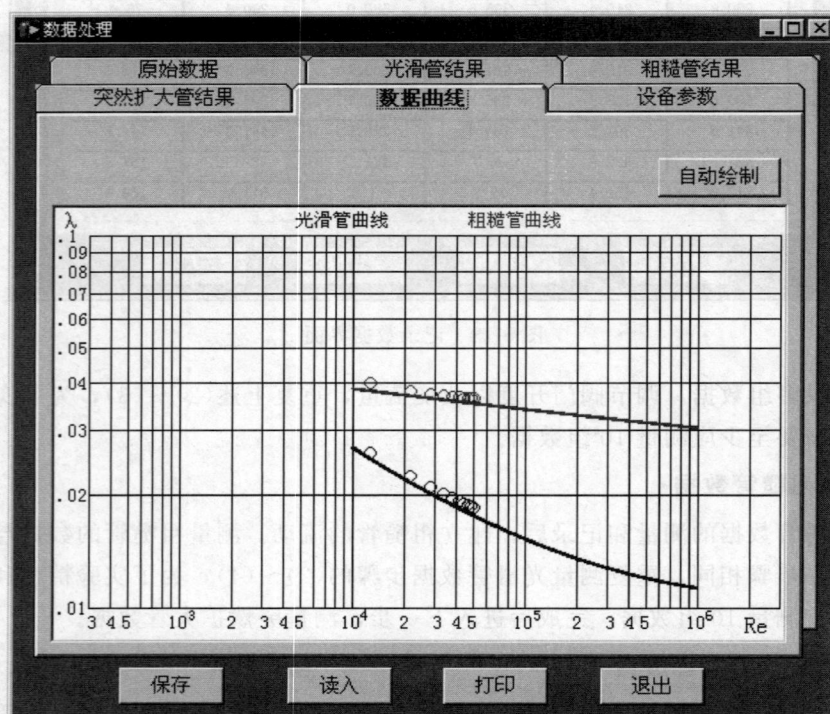

图 5-14　曲线绘制界面

实验三　换热实验

一、实验装置

打开换热器主菜单界面，如图 5-15 所示。

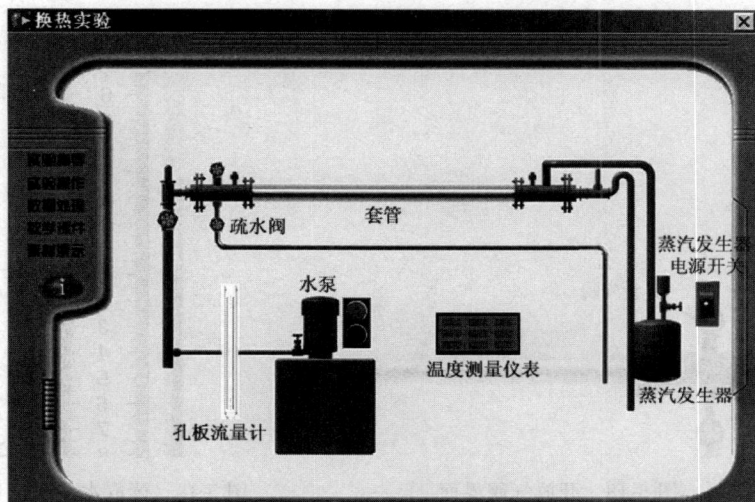

图 5-15　换热器主菜单界面

二、实验步骤

1. 启动水泵，调节进水阀

点击电源开关的绿色按钮，启动水泵，调节进水阀至微开，这时换热器的管程中就有水流动了（图 5-16）。

2. 打开蒸汽发生器

蒸汽发生器的开关在蒸汽发生器的右侧（图 5-17）。鼠标左键单击开关，这时蒸汽发生器就通电开始加热，并向换热器的壳程供汽。

图 5-16　开进水阀界面

图 5-17　开蒸汽发生器界面

3. 打开放气阀

如图 5-18 所示，打开放气阀，排出残余的不凝气体，使在换热器壳程中的蒸汽流动通畅。

4. 读取水的流量

点击孔板流量计的压差计出现读数画面（图 5-19）。读取压差计读数，经过计算可得冷水的流量。

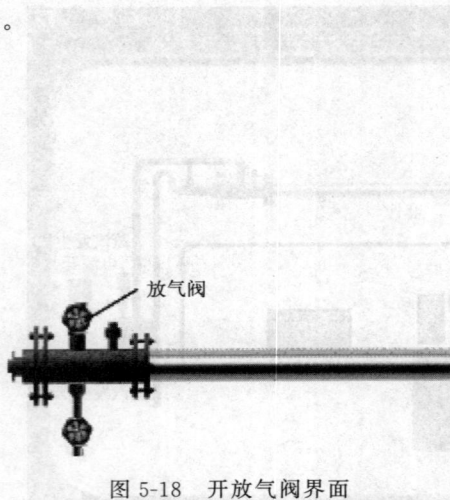

图 5-18　开放气阀界面　　　　　　　　　图 5-19　读取水的流量界面

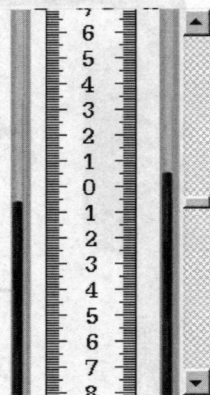

5. 读取温度

在换热管或者测温仪上点击会出现温度读数画面（图 5-20）。读取各处温度数值，其中温度节点 1～9 的温度为观察温度分布用，在数据处理中用不到，蒸汽进出口及水进出口的温度需要记录。按"自动记录"可由计算机自动记录实验数据，按"退出"按钮关闭温度读取画面。

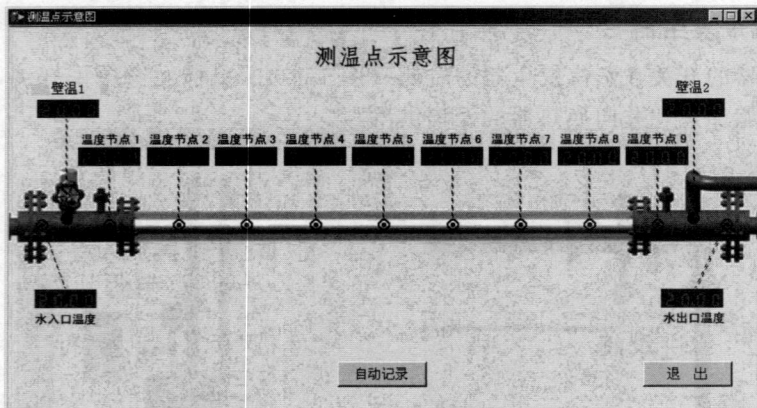

图 5-20　读取温度界面

6. 记录多组数据

改变进水阀开度，重复以上步骤，读取 8～10 组数据。实验结束后，先停蒸汽发生器，再关进水阀。

三、数据处理

1. 原始数据记录

原始数据页如图 5-21 所示，通过该页能在数据处理中输入、编辑原始数据。

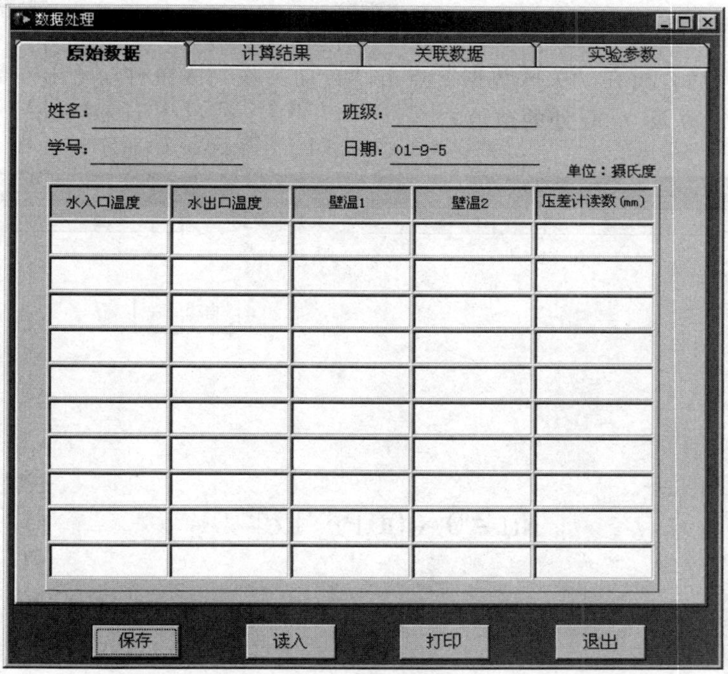

图 5-21　原始数据记录界面

2. 数据计算

如果要使用"自动计算"功能，在相应的计算结果页点击"自动计算"，如图 5-22 所示，数据即可自动计算并自动填入数据库。使用手动计算，需要的实验参数可参见实验参数页。

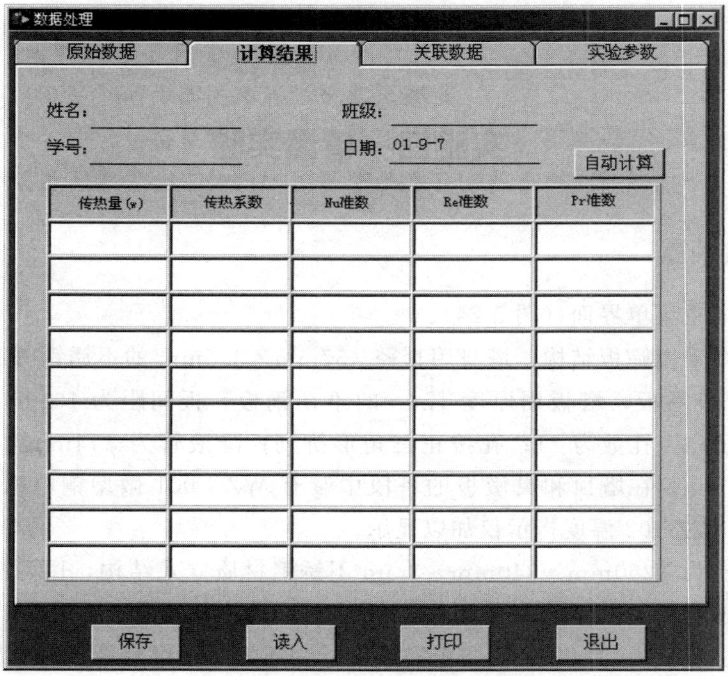

图 5-22　数据计算界面

3. 关联式

自动计算完后，可在"关联数据"点击"自动关联"按钮自动给出准数关联式（即给出图 5-23 的 0.000 及 0.00 处的数值）。

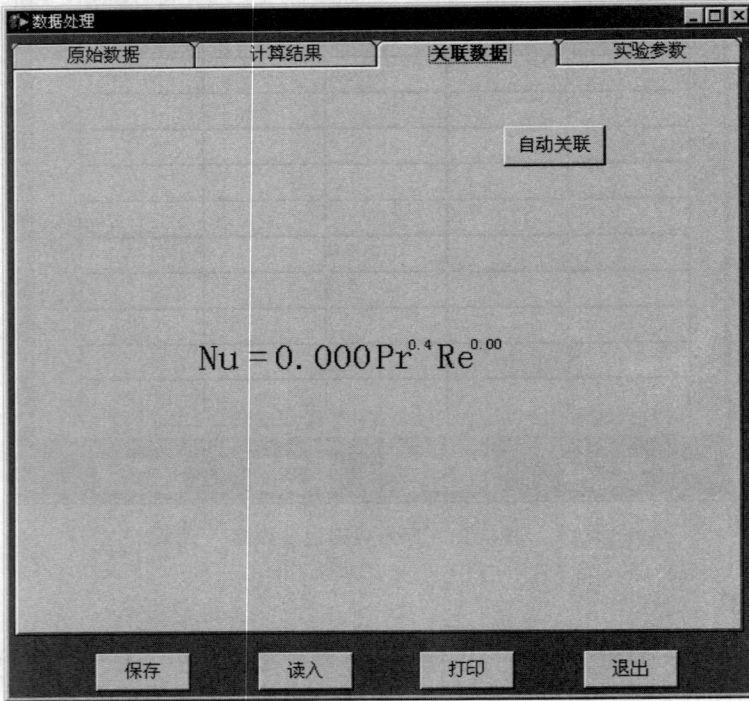

图 5-23　关联式界面

实验四　精馏实验

一、实验装置

打开精馏塔主菜单界面（图 5-24）。

（1）精馏塔采用筛板结构，塔身用直径 $\phi57\text{mm}\times3.5\text{mm}$ 的不锈钢管制成，设有两个进料口，共 15 块塔板，塔板用厚度 1mm 的不锈钢板，板间距为 10cm；板上开孔率为 4%，孔径是 2mm，孔数为 21；孔按正三角形排列；降液管为 $\phi14\text{mm}\times2\text{mm}$ 的不锈钢管；堰高是 10mm；在塔顶和灵敏板的塔段中装有 WZG-001 微型铜电阻感温计各一支，并由仪表柜的 XCZ-102 温度指示仪加以显示。

（2）蒸馏釜为 $\phi250\text{mm}\times340\text{mm}\times3\text{mm}$ 不锈钢材质立式结构，用两支 1kW 的 SRY-2-1 型电热棒进行加热，其中一支为恒温加热，另一支则用自耦变压器调节控制，并由仪表柜上的电压、电流表加以显示。釜上有温度计和压力计，以测量釜内的温度和压力。

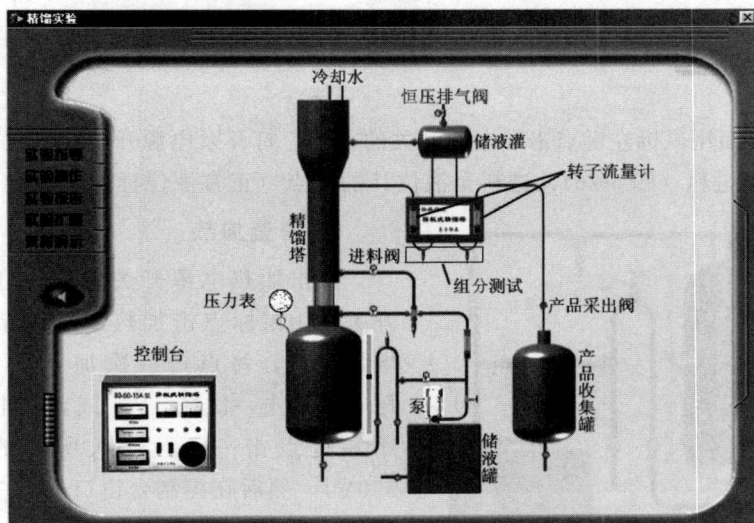

图 5-24　精馏塔主菜单界面

（3）冷凝器采用不锈钢蛇管式冷凝器，蛇管规格为 $\phi14mm\times2mm$、长 2500mm，用自来水作冷却剂，冷凝器上方装有排气悬塞。

（4）产品收集罐规格为 $\phi250mm\times340mm\times3mm$，不锈钢材料制造，收集罐上方设有观察罩，以观察产品流动情况。

本实验进料的溶液为乙醇-水体系，其中乙醇占 20%（摩尔分数）。溶液在储液罐中储备，用泵对塔进行进料，塔釜用电热器加热，电热器的电压由控制台来调整（图 5-25）。塔釜的蒸汽到塔顶后，由塔顶的冷却器进行冷却（在仿真实验中设置为常开，无需开关冷却水阀），冷却后的冷凝液进入储液罐，用回流的阀门及产品收集罐的阀门开度来控制回流比。产品进入产品收集罐。塔的压力由恒压排气阀来调节（在塔压高的时候可打开阀门进行降压，一般塔压控制在 1.2atm 以下）。

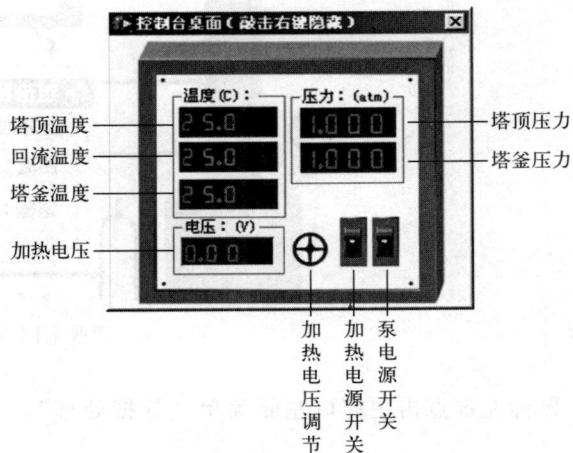

图 5-25　控制台界面

二、实验步骤

1. 进料

在控制台界面用鼠标左键点击泵电源开关的上端，打开泵电源开关。依次打开阀1、阀2、阀3，向塔釜进料（图5-26），进料至液位计的红点（正常液位标志）位置，完成进料。

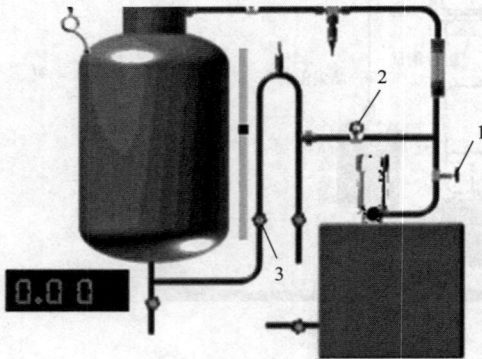

图5-26　进料界面

2. 塔釜加热

点击加热电源开关上端，打开加热电源开关。用鼠标点击加热电压调节手柄，左键增加电压，每点击一次加5V，右键减少电压，每点击一次减5V。或者在电压显示栏内用左键点击一下，输入所需的电压（0～350V），然后在控制台窗口的空白处左键点击即可完成输入。

3. 建立全回流

塔顶的冷却水默认全开，当塔釜温度达到91℃左右时，开始有冷凝液出现（在塔顶及储液罐之间有细线闪烁）。此时鼠标左键点击回流支路上的转子流量计（图5-27），调节阀的开度到100，开始全回流。

4. 读取全回流数据

鼠标左键点击"组份测试"可看到组分含量（真实实验用仪器检测，此处简化），如图5-28所示。全回流10min以上，组分基本稳定达到正常值。

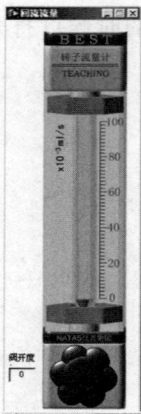

图5-27　流量调节界面

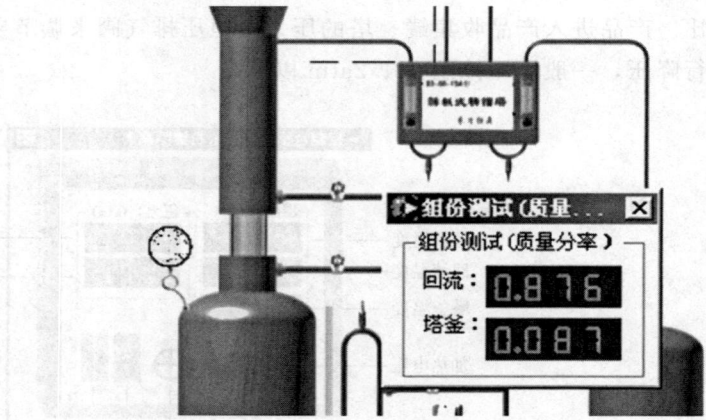

图5-28　读取全回流数据界面

当组分稳定以后，鼠标左键点击主窗口左侧菜单"数据处理"，在"原始数据"页填入数据。

5. 逐步进料，开始部分回流

逐渐打开塔中部的进料阀和塔底的排液阀以及产品采出阀（图5-29），注意维持塔的

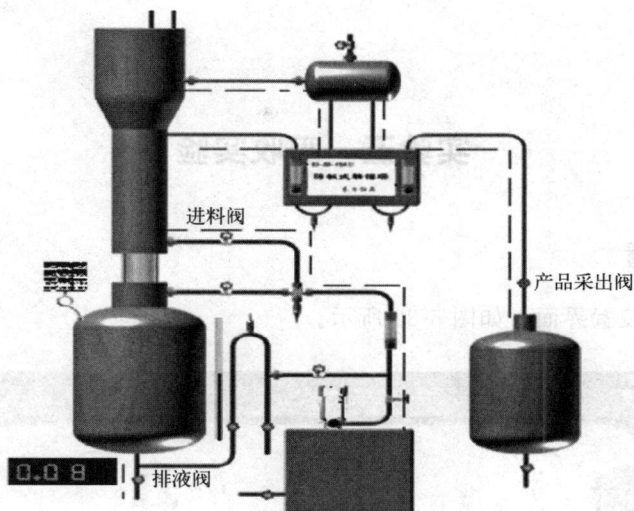

图 5-29　逐步进料界面

物料平衡、塔釜液位和回流比。

6. 记录部分回流数据

请参考记录全回流数据部分，将数据处理中的数据填好。

三、数据处理

全回流和部分回流的数据处理基本相同。在原始数据处可看到自动记录的数据（或手工记录后填写的数据）（图 5-30）。

在实验结果项处可看到自动计算的结果，也可以把手工计算的结果填入数据栏中（可由此数据画出特性曲线）。在理论板数项中可由实验结果中的数据画出精馏塔的特性曲线（图 5-31）。

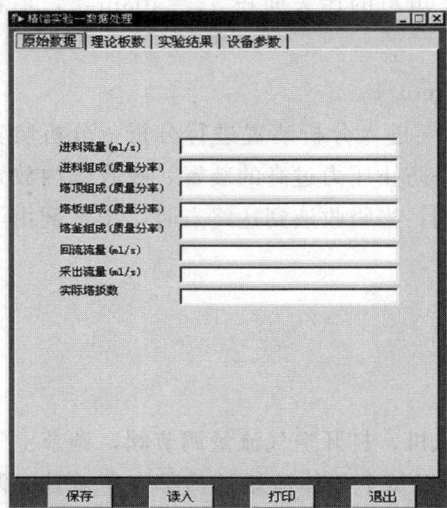

图 5-30　原始数据界面

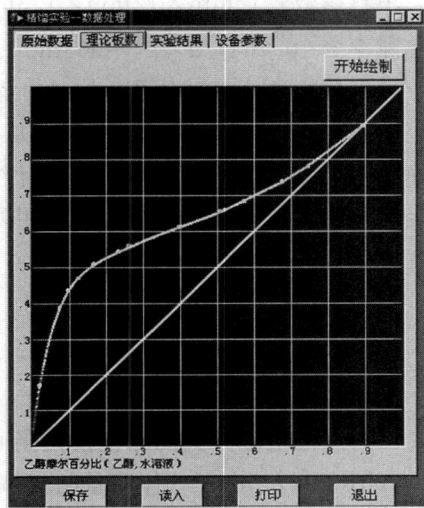

图 5-31　精馏塔的特性曲线界面

实验五　吸收实验

一、实验装置

打开吸收实验装置界面，如图 5-32 所示。

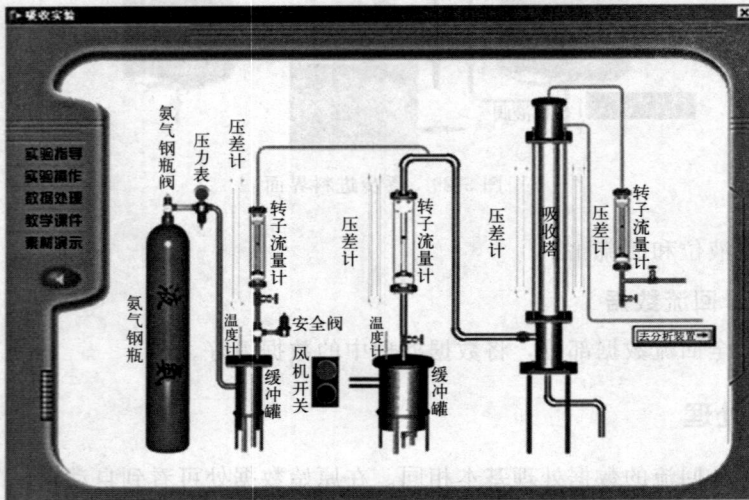

图 5-32　吸收实验装置界面

设备参数：

基本数据：塔径 $\phi 0.10\text{m}$，填料层高 0.75m。

填料参数：$12\text{mm} \times 12\text{mm} \times 1.3\text{mm}$ 瓷拉西环，填料的比表面积 $a_1 = 403\text{m}^{-1}$，填料的空隙率 $\varepsilon = 0.764$，$a_1/\varepsilon^3 = 903\text{m}^{-1}$。

尾气分析所用硫酸体积：1mL；浓度：0.00484mol/L。

图 5-33 是尾气分析装置界面。从塔顶出来的尾气进入分析装置进行分析，分析装置由稳压瓶、吸收盒及湿式气体流量计组成。稳压瓶是防止压力过高的装置，吸收盒内放置一定体积的稀硫酸作为吸收液，用甲基红作为指示剂，当吸收液到达终点时，指示剂由红色变为黄色。

二、实验步骤

1. 测量干塔压降

（1）点击电源开关的绿色按钮接通电源，启动风机，打开空气流量调节阀，调节空气流量（图 5-34）。由于气体流量与气体状态有关，所以每个气体流量计前都有压差计（测表压）和温度计，将空气流量调节阀的开度调节到 100，稍许等待，进行下一步。

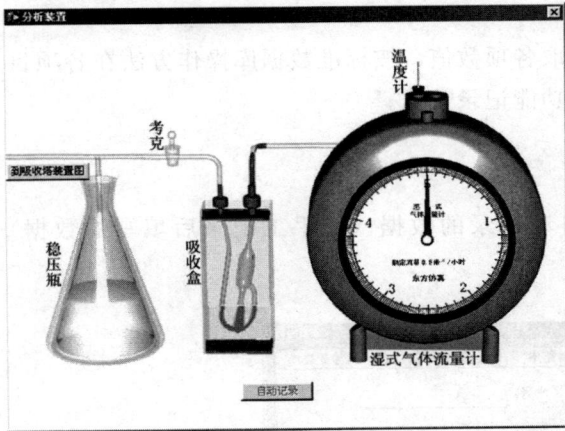

图 5-33 尾气分析装置界面

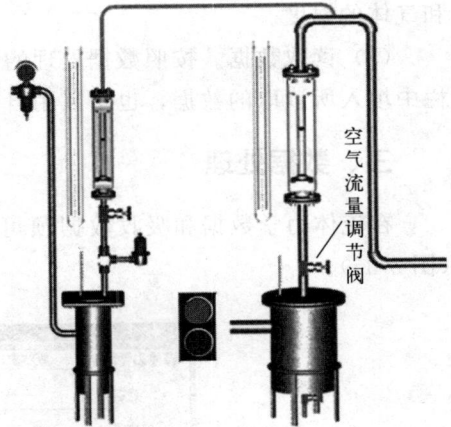

图 5-34 调节空气流量界面

（2）读取数据。鼠标左键点击空气的转子流量计读取空气流量；鼠标左键点击空气压差计读取空气当前流量下的压差；鼠标左键点击空气缓冲罐上的温度计读取温度；鼠标左键点击吸收塔两侧的压差计分别读取塔的压降和塔顶的压力，左边的压差计指示塔的压降，右边的压差计指示塔顶压力。

（3）数据处理。鼠标左键点击实验主画面左边菜单中的"数据处理"，可调出数据处理窗口，点击干塔数据页，按标准数据库操作方法在各项目栏中填入所读取的数据，也可以使用自动记录功能进行自动记录。

2. 测量湿塔压降

（1）打开水流量调节阀，调节进水的流量（建议 80L/h）。然后慢慢增大空气流量直到液泛，鼠标左键点击塔身可看到塔内的状况。液泛一段时间使填料表面充分润湿，然后减小气量到较低的水平。

注意：本实验是在一定的喷淋量下测量塔的压降，所以水的流量应不变。实验过程中不要改变水流量调节阀的开度。

（2）读取数据。测量湿塔的压降与测量干塔的压降所读取的数据基本一致，参见"测量干塔压降"的"读取数据"，但只多了一项水的流量，点击水的转子流量计即可读取。逐渐加大空气流量调节阀的开度，增加空气流量，多读取几组塔的压降数据。同时注意塔内的气液接触状况，并注意填料层的压降变化幅度。液泛后填料层的压降在气速增加很小的情况下明显上升，此时再取 1～2 个点就可以了，不要使气速过分超过液泛点。

3. 传质系数测定

实验条件：水流量为 80L/h；空气流量为 $20m^3/h$；氨气流量为 $0.5m^3/h$。

（1）通入氨气。将鼠标移动到氨气钢瓶阀上，鼠标会变成扳手形状，此时点击左键打开，点击右键关闭（不能在此调节流量）。氨气流量计前也有压差计和温度计，用氨气调节阀调节氨气流量（建议流量 $0.5m^3/h$）。

（2）尾气分析。通入氨气后，鼠标左键点击实验主窗口右边的命令键"去分析装置"，进入分析装置画面。打开考克，让尾气流过吸收盒，同时湿式气体流量计开始计量体积。当吸收盒内的指示剂由红色变成黄色时，立即关闭考克，记下湿式气体流量计转过的体积和气体的温度。

（3）读取数据。按照数据处理的要求读取各项数值，按标准数据库操作方法在各项目栏中填入所读取的数据，也可以用自动记录功能记录数据。

三、数据处理

在流体力学数据和吸收数据项可看到自动记录的数据（或手工记录后填写的数据）（图 5-35）。

图 5-35　数据处理界面

在实验结果项（吸收系数）处可以看到自动计算的结果（点击可自动计算），也可以把手工计算的结果填入数据栏中（图 5-36）。

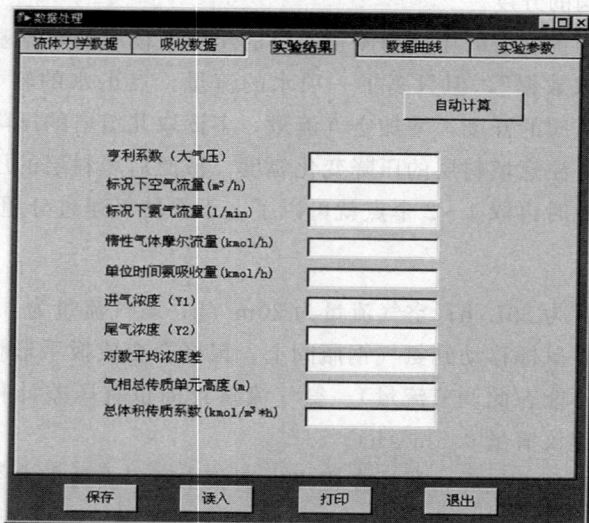

图 5-36　自动计算界面

在数据曲线项可自动绘制出压降和空气速率的曲线。在完成计算后，点击"自动绘制"键可自动绘制曲线（图 5-37）。

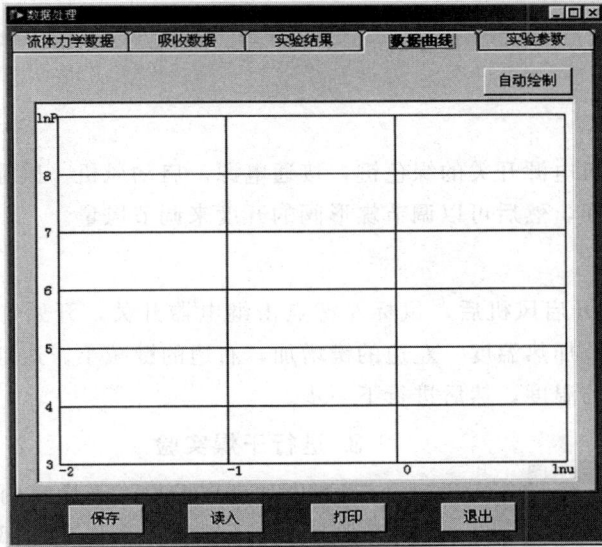

图 5-37　自动绘制曲线界面

实验六　干燥实验

一、实验装置

打开干燥实验装置界面，如图 5-38 所示。

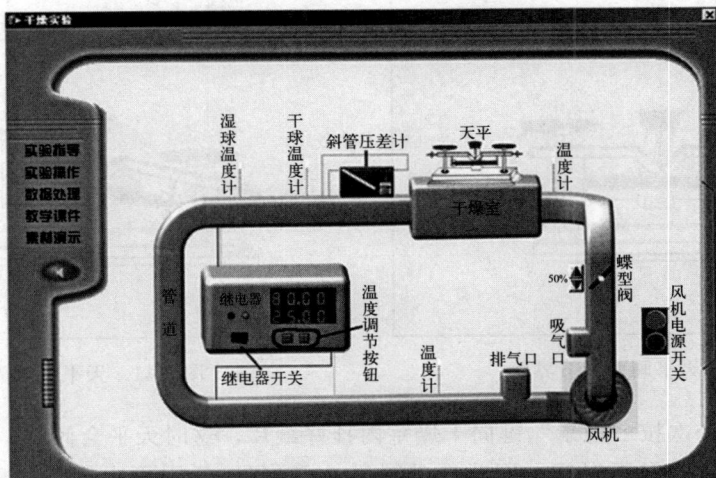

图 5-38　干燥实验装置界面

设备参数：

孔板流量计：管径 $D=106mm$，孔径 $d=68.46mm$，孔流系数 $C_0=0.6655$。

干燥室尺寸：$0.15m \times 0.20m$。

二、实验步骤

1. 启动风机

鼠标左键点击风机电源开关的绿色键，接通电源，启动风机。鼠标左键点击斜管压差计可以看到放大的画面，然后可以调节蝶形阀的开度来调节风量。

2. 开始加热

如图 5-39 所示，开启风机后，鼠标左键点击继电器开关，开始加热，温度升高。可以用温度调节按钮调节加热温度，左边的键增加，右边的键减小。达到要求的温度后，继电器会自动保持给定的温度，然后进行下一步。

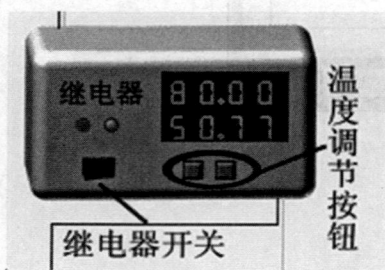

图 5-39　继电器调节界面

3. 进行干燥实验

当温度达到要求后，干燥室内挂一张充分润湿的纸板，上面与天平的一个托盘下部相连，另一个托盘放砝码。先使天平平衡，然后减去一定质量的砝码，平衡被破坏，但随着纸片被热风干燥，质量减少，当干燥的水分质量与减去的砝码质量相同时，天平会恢复平衡，然后向另一端倾斜，这时记下所用的时间，就可以计算出干燥速率。不断减去砝码，记录时间就可以计算并描绘出干燥速率曲线。

在实验主窗口干燥室的天平上点击鼠标左键，即可调出天平画面，如图 5-40 和图 5-41 所示。

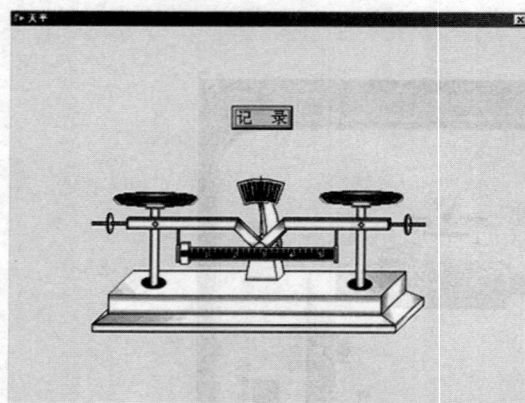

图 5-40　天平画面调节界面

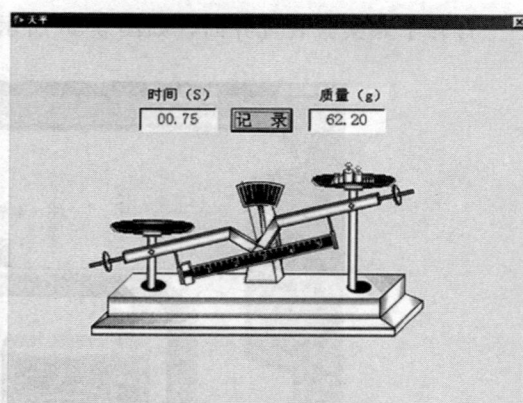

图 5-41　天平记录界面

实验中，第一次按"记录"键向干燥室内挂好纸片，这时天平会倾斜，待天平再次平衡后按"记录"键记录下时间，同时自动减去 1g 砝码，天平再次倾斜，重复上述步骤。当单位计时超过 360s 时，可结束实验，进入数据处理。

三、数据处理

点击原始数据键可看到自动记录下的数据（图 5-42），在计算结果处可看到自动计算出的结果。在干燥速率曲线可看到干燥速率的曲线，点击"开始绘制"键可自动绘制出曲线（图 5-43）。

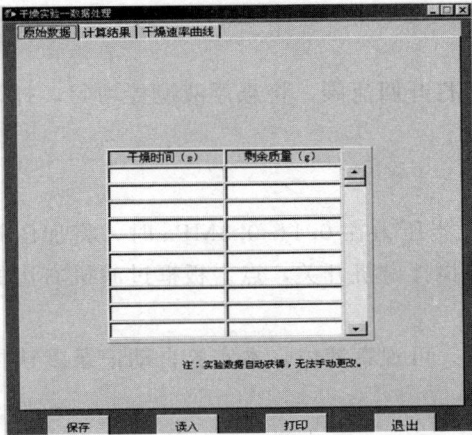

图 5-42 原始数据记录界面

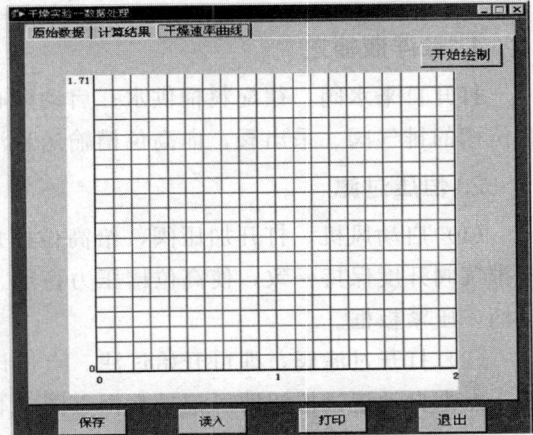

图 5-43 干燥速率的曲线界面

实验七 过滤实验

一、实验装置

打开恒压过滤主菜单界面，如图 5-44 所示。

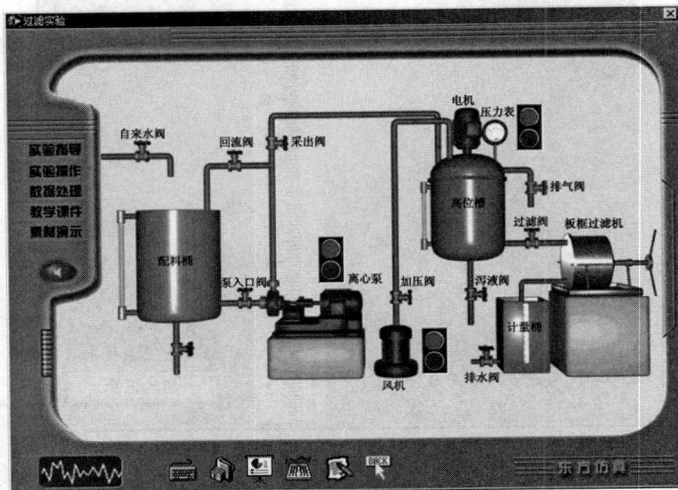

图 5-44 恒压过滤主菜单界面

设备参数：

板框数：10；总过滤面积：$0.8m^2$；滤板尺寸：$300mm \times 300mm$；

过滤压力：0.15MPa；电机功率：1.1kW；风机功率：1.1kW；

配料桶底面积：$0.5m^2$；计量桶底面积：$0.5m^2$。

二、实验步骤

1. 悬浮液输送

打开自来水阀，往配料桶供水；启动离心泵，打开回流阀，将悬浮液搅拌均匀，打开高位槽的排气阀、采出阀，向高位槽输送悬浮液。

2. 恒压过滤

（1）启动风机，打开加压阀，给高位槽加压，当压力在 $0.1 \sim 0.3$MPa 时，将加压阀与排气阀开度保持一致，使高位槽压力稳定。打开搅拌电机开关，点击板框过滤机右边的旋柄，压紧板框。

（2）打开过滤阀，即可开始过滤。点击计量桶，可观察液位，本实验自动记录默认打开，点击自动记录按钮即可记录数据（图 5-45）。

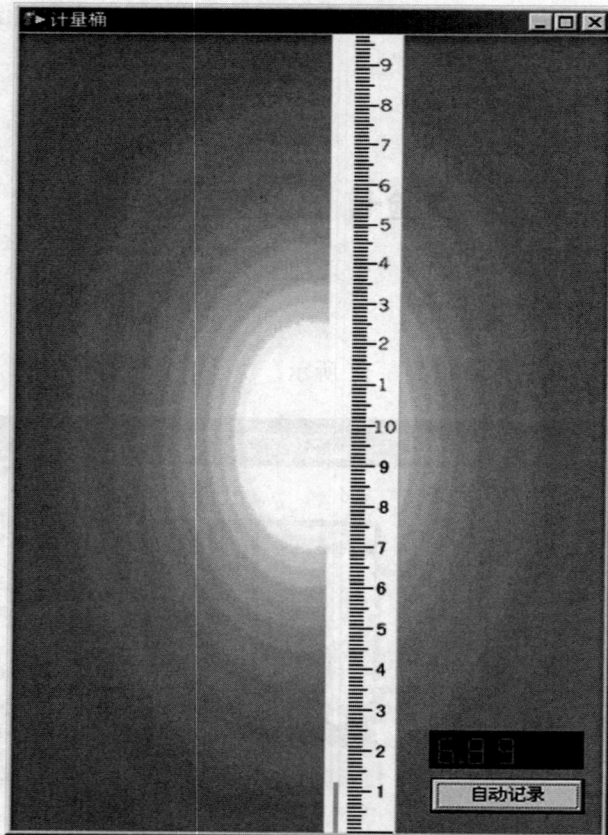

图 5-45　记录数据界面

三、数据处理

在原始数据项可看到自动记录下的数据（图 5-46），点击"原始数据"按钮，可查看自动记录的原始数据。点击显示计算结果画面，再点击"自动计算"按钮，即可得到计算结果。点击显示数据曲线画面，再点击"开始绘制"按钮，即可得到数据曲线（图 5-47）。

图 5-46　原始数据界面

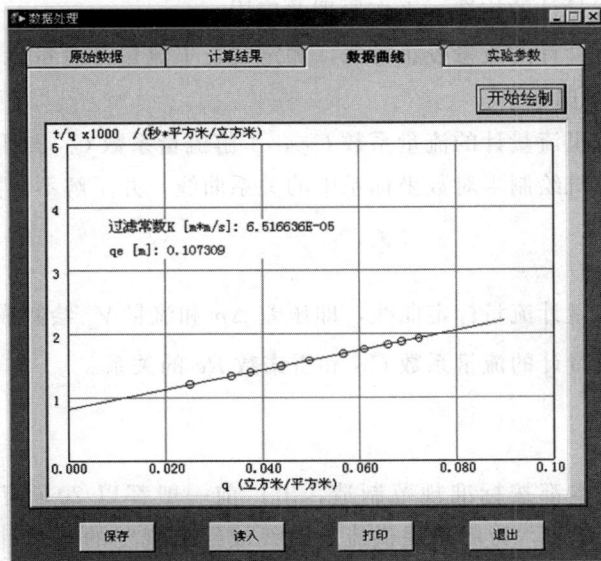

图 5-47　数据曲线界面

第6章

化工原理基础实验

实验一　流量测定与流量计校核实验

一、实验目的

1. 熟悉文丘里流量计的构造、工作原理及应用。

2. 掌握文丘里流量计的流量校正方法，测定文丘里流量计流量标定曲线，即压差 Δp 和流量 V_s 绘制成一条曲线。

3. 通过测定文丘里流量计的流量系数 C_V，了解流量系数 C_V 与雷诺数 Re 的关系。

4. 掌握运用计算机绘制半对数坐标系中的关系曲线，并了解不同类型的坐标系。

二、实验内容

1. 测定文丘里流量计流量标定曲线，即压差 Δp 和流量 V_s 绘制成一条曲线。

2. 测定文丘里流量计的流量系数 C_V 和雷诺数 Re 的关系。

三、实验原理

常用的流量计基本都按标准规范制造，出厂前一般都以 20℃清水或标准大气压下 20℃空气为介质进行标定，为用户提供流量曲线或给出规定的流量计算公式中的流量系数，或将流量读数直接刻在显示仪表上。在如下情况需要进行流量计的校核：①如果用户遗失出厂的流量曲线，或被测定流体密度与标定流体不同时；②流量计长期使用而产生磨损；③自制的非标准流量计。

流量计的校核方法有容量法、称重法和基准流量计法。容量法和称重法都是通过测量一定时间间隔内排出流体的体积或质量来实现，而基准流量计法则是用一个已被事先校正过而精度较高的流量计作为被校流量计的比较基准。

节流式流量计又称差压式流量计，流体通过节流件产生的压差来确定流体的速度，常用的有孔板流量计、文丘里流量计以及喷嘴流量计等。本实验采用涡轮流量计作为基准流量计来校核文丘里流量计。

文丘里流量计的结构如图 6-1，当流体经文丘里流量计后，在文丘喉处流速最大，根据伯努利方程，静压强相应地降到最低。设文丘里流量计上游某处为 1 截面，缩脉处为 2 截面，忽略流动阻力在两截面间列伯努利方程，得：

$$\frac{u_1^2}{2} + \frac{p_1}{\rho} = \frac{u_0^2}{2} + \frac{p_0}{\rho} \tag{6-1}$$

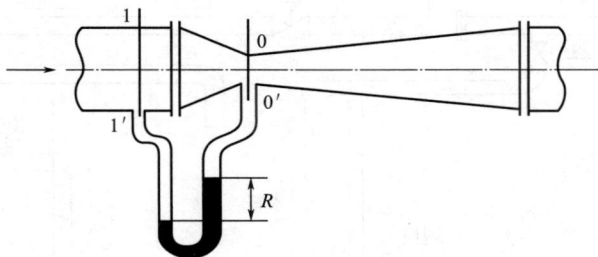

图 6-1　文丘里流量计

应用不可压缩流体的连续性方程得：

$$u_1 A_1 = u_0 A_0 \tag{6-2}$$

联立式(6-1) 和式(6-2)，得：$u_0 = \sqrt{\dfrac{2(p_1 - p_0)}{\rho[1 - (A_0/A_1)^2]}}$

因忽略能量损失带来的偏差，引入流量系数 C_V，则：

$$V_s = C_V A_0 \sqrt{\frac{2(p_1 - p_0)}{\rho[1 - (A_0/A_1)^2]}}$$

式中　V_s——被测流体（水）的体积流量，m^3/s；

$\quad C_V$——流量系数，无量纲；

$\quad A_0$——流量计节流孔截面积，m^2；

p_1、p_0——流量计上游、文丘喉两取压口的压强差，Pa；

$\quad \rho$——被测流体（水）的密度，kg/m^3。

用涡轮流量计作为标准流量计来测量流量 V_s，每一个流量在压差计上都有一对应的读数，将压差计读数 Δp 和流量 V_s 绘制成一条曲线，即流量标定曲线。同时利用上式整理数据可进一步得到 C_V-Re 关系曲线。

四、实验装置图

实验装置如图 6-2 所示。

流量计校核管段：$\phi 32mm \times 3mm$，材质为不锈钢管。

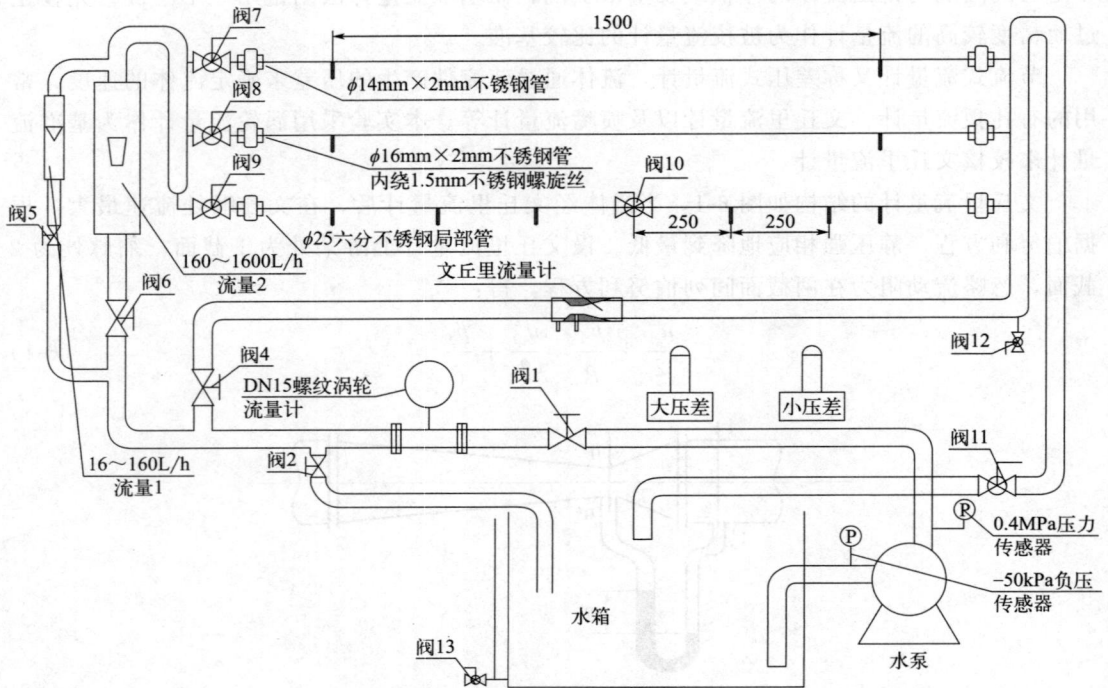

图 6-2 流量测定及流量计校核实验装置

文丘里流量计的文丘喉直径：$d_0 = 12mm$。

压差传感器：大量程（左）200kPa，小量程（右）5kPa。

涡轮流量计：量程 $1.5 \sim 15m^3/h$。

五、实验操作步骤

1. 启动实验装置及排气

（1）关闭装置所有的阀门，水箱加水至液位不低于液位计 2/3 位置，进行灌泵操作。打开总电源开关，按下触摸屏开关。

（2）待电脑启动进入桌面，启动实验软件，点击进入操作界面，点击水泵频率输入 50Hz，点击离心泵开关启动离心泵，待离心泵运行平稳。

（3）全管道排气：打开设备中除阀 13 外的所有管道上的阀门，排走管道里的气体，然后关闭阀 2、阀 12。

（4）全测压系统排气：打开测压系统所有的阀门，对测压导管进行排气，可把流量调至最大进行排气，运行至压差传感器的平衡管中无气泡，则排气完成。然后关闭阀 5、阀 6、阀 7、阀 8、阀 9、阀 10，关闭测压系统所有的阀门。

2. 流量测定与流量计校核测定

（1）用阀 4 在涡轮流量计的量程范围内调节流量，流量从小到大或从大到小调节，同时记录涡轮流量计的流量、文丘里流量计的压差，并记录水温。建议流量从小到大变化，流量必须测量至该管道的最大流量，测取不少于 10 组的数据。

（2）改变流量，待流动达到稳定后，记录该流量、对应的压差值和水温。点击"数据采集"，可以采集保存数据。

（3）数据采集完，关闭阀1、阀4、阀11和压差传感器测压阀，关闭水泵开关。

（4）实验完成后，退出操作系统并关闭电脑，然后关闭电控箱面板的触摸屏开关和电源开关，切断实验电源。最后打扫实验区域卫生，保持实验区域干净整洁。

六、实验注意事项

1. 开机通电前请注意接地，防止漏电。

2. 启动离心泵之前，都必须检查所有流量调节阀是否关闭。

3. 在实验过程中每调节一个流量之后，应待流量和压降的数据稳定以后方可记录数据。

4. 实验过程中，水温可能会随运行时间的增加而升高，所以要记录不同时间点的水温值。

5. 在做流体实验时，要排尽管路里的气泡。

6. 在开、关各阀门时，须缓开慢关。

7. 实验水质要清洁，以免影响涡轮流量计运行。

七、思考题

1. 在什么情况下流量计需要标定？标定方法有几种？本实验是用的哪一种？

2. 在所学过的流量计中，哪些属于横截面变压差式流量计？哪些属于变截面恒压差式流量计？

3. 实验管路及导压管中如果积存有空气，为什么要排除？

4. 标绘流量系数 C_V 与雷诺数 Re 的关系曲线时选择什么样的坐标纸？从所标绘的曲线，得出什么结论？

5. 压差传感器上装设的平衡阀有何作用？在什么情况下应打开？在什么情况下应关闭？

实验二　流体流动阻力测定实验

一、实验目的

1. 掌握流体流经直管和阀门时的阻力损失和测定方法，通过实验了解流体流动中能量损失的变化规律。

2. 测定直管摩擦系数 λ 与雷诺数 Re 的关系。

3. 测定流体流经阀门时的局部阻力系数 ζ。

4. 辨识组成管路的一些管件、阀门，并了解其作用。

5. 掌握运用计算机绘制双对数坐标系中的关系曲线，并了解不同类型的坐标系。

二、实验内容

1. 直管摩擦系数 λ 与雷诺数 Re 的测定，并在双对数坐标系上绘制 λ 与 Re 的关系曲线。

2. 局部阻力系数 ζ 的测定。

三、实验原理

流体流动阻力产生的根本原因是流体具有黏性。流体在管道内流动时，管壁的形状促使流动的流体内部发生相对运动，则流动的流体内部存在内摩擦，为流动阻力的产生提供了条件。流体流动阻力的大小与流体本身的物理性质、流动状态及壁面的形状等因素有关。流体流动阻力可分为直管阻力和局部阻力。

1. 直管摩擦系数 λ 与雷诺数 Re 的测定

大量研究表明影响直管摩擦系数的主要因素有管径、管内流速、管内流体的密度及黏度以及管壁面的粗糙度，即 $\lambda = f(d, u, \rho, \mu, \varepsilon) \xrightarrow{\text{量纲分析}} \lambda = f(Re, \varepsilon/d)$，直管摩擦系数是雷诺数和相对粗糙度的函数，对一定的相对粗糙度而言，$\lambda = f(Re)$。

流体在一定长度的等管径水平圆管内流动时，在两测量点间列伯努利方程：

$$gz_1 + \frac{1}{2}u_1^2 + \frac{p_1}{\rho} + We = gz_2 + \frac{1}{2}u_2^2 + \frac{p_2}{\rho} + h_f$$

又 $z_1 = z_2$，$u_1 = u_2$，$We = 0$，其管路直管阻力引起的能量损失为：

$$h_f = \frac{p_1 - p_2}{\rho} = \frac{\Delta p}{\rho} = \frac{\Delta p_f}{\rho} \tag{6-3}$$

又因为直管摩擦系数与阻力损失之间有如下关系（范宁公式）：

$$h_f = \frac{\Delta p_f}{\rho} = \lambda \frac{lu^2}{2d} \tag{6-4}$$

整理式(6-3)、式(6-4) 得

$$\lambda = \frac{2d}{\rho l} \times \frac{\Delta p}{u^2} \tag{6-5}$$

$$Re = \frac{du\rho}{\mu} \tag{6-6}$$

式中　d——管径，m；

Δp——直管阻力引起的压强差，Pa；

h_f——单位质量流体的直管阻力损失，J/kg

Δp_f——单位体积流体的阻力损失，也称为压强降，Pa；

Re——雷诺数，无量纲；

l——管长，m；

u——流速，m/s；

ρ——流体的密度，kg/m³；

μ——流体的黏度，Pa·s。

在实验装置中，被测直管管长 l 和管径 d 都已固定。若水的温度一定，则水的密度 ρ 和黏度 μ 也是定值。所以本实验需要测定直管段流体阻力引起的压强差 Δp、流速 u（流

量 V）、水的温度。

根据实验数据，用式（6-5）可计算出不同流速下的直管摩擦系数 λ，用式（6-6）计算对应的 Re，整理出直管摩擦系数和雷诺数的关系，在双对数坐标系内绘出 λ 与 Re 的关系曲线。

2. 局部阻力系数 ζ 的测定

$$h'_f = \frac{\Delta p'_f}{\rho} = \zeta \frac{u^2}{2} \rightarrow \zeta = \frac{2\Delta p'_f}{\rho u^2}$$

式中　ζ——局部阻力系数，无量纲；

　　$\Delta p'_f$——局部阻力引起的压强降，Pa；

　　ρ——流体的密度，kg/m^3；

　　u——流速，m/s；

　　h'_f——局部阻力引起的能量损失，J/kg。

以等管径水平管中的阀门为例，局部阻力引起的压强降 $\Delta p'_f$ 采用四点法测量：在一条各处直径相等的直管段上，安装待测局部阻力的阀门，在上、下游各开两对测压口 $a\text{-}a'$ 和 $b\text{-}b'$，如图6-3，使 $ab=bc$，$a'b'=b'c'$，则 $\Delta p_{f,ab}=\Delta p_{f,bc}$，$\Delta p_{f,b'a'}=\Delta p_{f,c'b'}$。

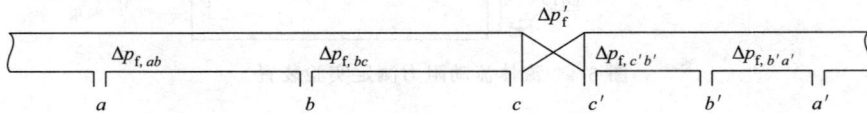

图 6-3　四点法测量局部阻力

在 $a\sim a'$ 之间列伯努利方程式可得：$p_a - p_{a'} = 2\Delta p_{f,bc} + 2\Delta p_{f,c'b'} + \Delta p'_f$ 　　　（6-7）

在 $b\sim b'$ 之间列伯努利方程式可得：$p_b - p_{b'} = \Delta p_{f,bc} + \Delta p_{f,c'b'} + \Delta p'_f$ 　　　（6-8）

联立式（6-7）和式（6-8），则：$\Delta p'_f = 2(p_b - p_{b'}) - (p_a - p_{a'})$

为了实验方便，称（$p_b - p_{b'}$）为近点压差，称（$p_a - p_{a'}$）为远点压差，其数值用压差传感器来测量。所以本实验需要测定流体产生阻力引起的近点压差（$p_b - p_{b'}$）、远点压差（$p_a - p_{a'}$）、流速 u（流量 V）、水的温度。

四、实验装置图

实验装置如图6-4所示。

光滑管段：$\phi 14mm \times 2mm$，测量段管长 $l=1.5m$，材质为不锈钢。

粗糙管段：$\phi 16mm \times 2mm$，测量段管长 $l=1.5m$，材质为不锈钢。

局部阻力直管段：$\phi 25mm \times 2.5mm$，测量段管长近点为0.5m、远点为1.0m，材质为不锈钢。

五、实验操作步骤

1. 启动实验装置及排气

（1）关闭装置所有的阀门，水箱加水至液位不低于液位计 2/3 位置，进行灌泵操作。打开总电源开关，按下触摸屏开关。

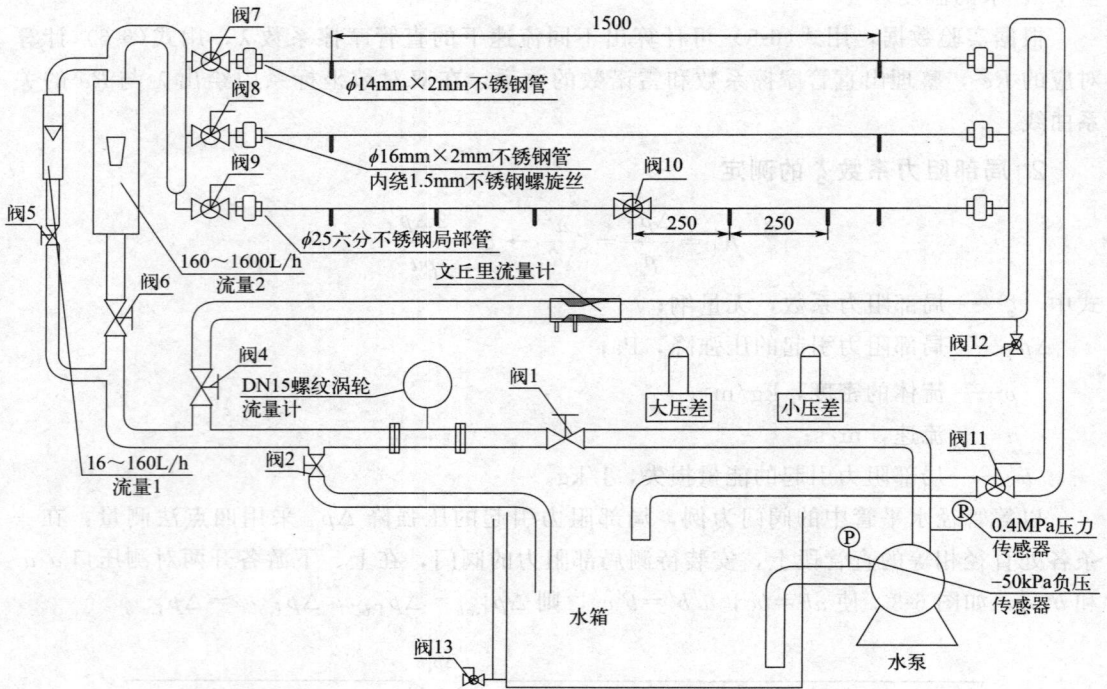

图 6-4　流体流动阻力测定实验装置

（2）待电脑启动进入桌面，启动实验软件，点击进入操作界面，点击水泵频率输入 $50Hz$，点击离心泵开关启动离心泵，待离心泵运行平稳。

（3）全管道排气：打开设备中除阀 13 外的所有管道上的阀门，排走管道里的气体，然后关闭阀 2、阀 12。

（4）全测压系统排气：打开测压系统所有的阀门，对测压导管进行排气，可把流量调至最大进行排气，运行至压差传感器的平衡管中无气泡，则排气完成。然后关闭阀 4、阀 5、阀 8、阀 9、阀 10，关闭测压系统所有的阀门。

2. 光滑管阻力测定

（1）管道排气：全开设备中阀 1、阀 6、阀 7、阀 11，排走光滑管道里的气体。

（2）测压系统排气：打开光滑管上测压系统所有的阀门（包括压差传感器平衡阀），对测压导管进行排气，可把流量调至最大进行排气，运行至压差传感器的平衡管中无气泡，则排气完成。

（3）测压时，测压系统的阀，除了与被测点相连的阀及正在使用的压差传感器相连最近的阀开启，其他都关闭；正在使用的压差传感器的平衡阀必须关闭，另外一个压差传感器的平衡阀必须打开。

（4）流量调节：通过阀 6 调节流量，流量小于 $1.6m^3/h$ 前，采用转子流量计手动采集流量数据并输入微电脑中，流量大于 $1.6m^3/h$ 后，采用涡轮流量计自动采集流量数据。建议流量从小到大变化，流量必须测量至该管道的最大流量，测取不少于 10 组的数据。

（5）改变流量，待流动达到稳定后，记录该流量、对应的压差值和水温。点击"数据采集"，可以采集保存数据。

（6）数据采集完，关闭阀 7 和光滑管对应的压差测量系统的阀。

3. 粗糙管阻力测定

（1）全开阀 8，进入粗糙管实验。

（2）参照光滑管阻力测定的步骤(1)～(5)。

（3）数据采集完，关闭阀 8 和粗糙管对应的压差测量系统的阀。

4. 阀门局部阻力测定

（1）全开阀 9 和阀 10，进入阀门局部阻力实验。

（2）参照光滑管阻力测定的步骤(1)～(5)。

（3）局部阻力系数测定时，阀 10 开度设定在 25 至 60 之间，至少设定两个不同的开度，以便实验结果对比。每设定一个开度，流量必须测量至该开度的最大流量，建议流量从小到大变化，测取不少于 10 组的数据（流量小少点，流量大多点）。每设定一个流量对应测定两个压差（近点压差和远点压差）。

（4）测完数据后，关闭阀 9、阀 10、阀 11 和与阀门局部阻力对应的测压差相关的阀。

（5）实验完成后，退出操作系统并关闭电脑，然后关闭电控箱面板的触摸屏开关和电源开关，切断实验电源。最后打扫实验区域卫生，保持实验区域干净整洁。

六、实验注意事项

1. 开机通电前请注意接地，防止漏电。

2. 启动离心泵之前，都必须检查所有流量调节阀是否关闭。

3. 在实验过程中每调节一个流量之后，应待流量和压降的数据稳定以后方可记录数据。

4. 实验过程中，水温可能会随运行时间的增加而升高，所以要记录不同时间点的水温值。

5. 在做流体实验时，要排尽管路里的气泡。

6. 在开、关各阀门时，须缓开慢关。

7. 实验水质要清洁，以免影响涡轮流量计运行。

七、思考题

1. 被测圆形直管内及测验导压管内可否有积存的空气？为什么？

2. 本实验以水为工作介质作出的 $\lambda\text{-}Re$ 曲线对其他牛顿型流体是否适用？为什么？

3. 在不同管径、不同水温下测定的 $\lambda\text{-}Re$ 曲线能否关联在同一条曲线上？为什么？

4. 本实验要求得到哪些实验结果？为得到这些结果，要知道哪些物理量？直接测定哪些物理数据？

5. 直管阻力产生的原因是什么？

流体综合
实验装置

实验三 离心泵特性曲线测定实验

一、实验目的

1. 了解离心泵的结构和特性，熟悉离心泵的操作。
2. 掌握离心泵主要参数的测定方法，测定单级离心泵在一定转速下的性能曲线。

二、实验内容

1. 熟悉离心泵的结构和操作。
2. 测定特定型号离心泵在一定转速下，流量（Q）与扬程（H）、轴功率（N）、效率（η）之间的特性曲线。

三、实验原理

离心泵是最常见的液体输送设备。在一定的型号和转速下，离心泵的扬程 H、轴功率 N 及效率 η 均随流量 Q 而改变。通常通过实验测出 $H\text{-}Q$、$N\text{-}Q$ 及 $\eta\text{-}Q$ 的关系，并用曲线表示，称为离心泵特性曲线。离心泵特性曲线是确定泵的适宜操作条件和选用泵的重要依据。泵特性曲线的具体测定方法如下：

1. H 的测定

在泵的吸入口和排出口之间列伯努利方程：

$$z_\text{入} + \frac{p_\text{入}}{\rho g} + \frac{u_\text{入}^2}{2g} + H = z_\text{出} + \frac{p_\text{出}}{\rho g} + \frac{u_\text{出}^2}{2g} + H_{\text{f入-出}} \tag{6-9}$$

$$H = (z_\text{出} - z_\text{入}) + \frac{p_\text{出} - p_\text{入}}{\rho g} + \frac{u_\text{出}^2 - u_\text{入}^2}{2g} + H_{\text{f入-出}} \tag{6-10}$$

式(6-9)和式(6-10)中 $H_{\text{f入-出}}$ 是泵的吸入口和排出口之间管路内的流体流动阻力（不包括泵体内部的流动阻力所引起的压头损失），与伯努利方程中其他项比较，$H_{\text{f入-出}}$ 值很小，故可忽略。于是式(6-10)变为：

$$H = (z_\text{出} - z_\text{入}) + \frac{p_\text{出} - p_\text{入}}{\rho g} + \frac{u_\text{出}^2 - u_\text{入}^2}{2g} \tag{6-11}$$

将测得的 $(z_\text{出} - z_\text{入})$ 和 $(p_\text{出} - p_\text{入})$ 值以及计算所得的 $u_\text{入}$、$u_\text{出}$ 代入式(6-11)，即可求得 H。

2. N 的测定

功率表测得的功率为电动机的输入功率。由于泵由电动机直接带动，传动效率可视为1，所以电动机的输出功率等于泵的轴功率。即：

$$泵的轴功率 N = 电动机的输出功率$$

$$电动机输出功率 = 电动机输入功率 \times 电动机效率$$

$$泵的轴功率 N = 功率表读数 \times 电动机效率$$

3. η 的测定

$$\eta = \frac{Ne}{N} \times 100\% \tag{6-12}$$

$$Ne = \frac{HQ\rho g}{1000} = \frac{HQ\rho}{102} \tag{6-13}$$

式中　　η——泵的效率；

$\quad\quad N$——泵的轴功率，kW；

$\quad\quad Ne$——泵的有效功率，kW；

$\quad\quad H$——泵的扬程，m；

$\quad\quad Q$——泵的流量，m^3/s；

$\quad\quad \rho$——水的密度，kg/m^3。

四、实验装置图

实验装置如图 6-5 所示。

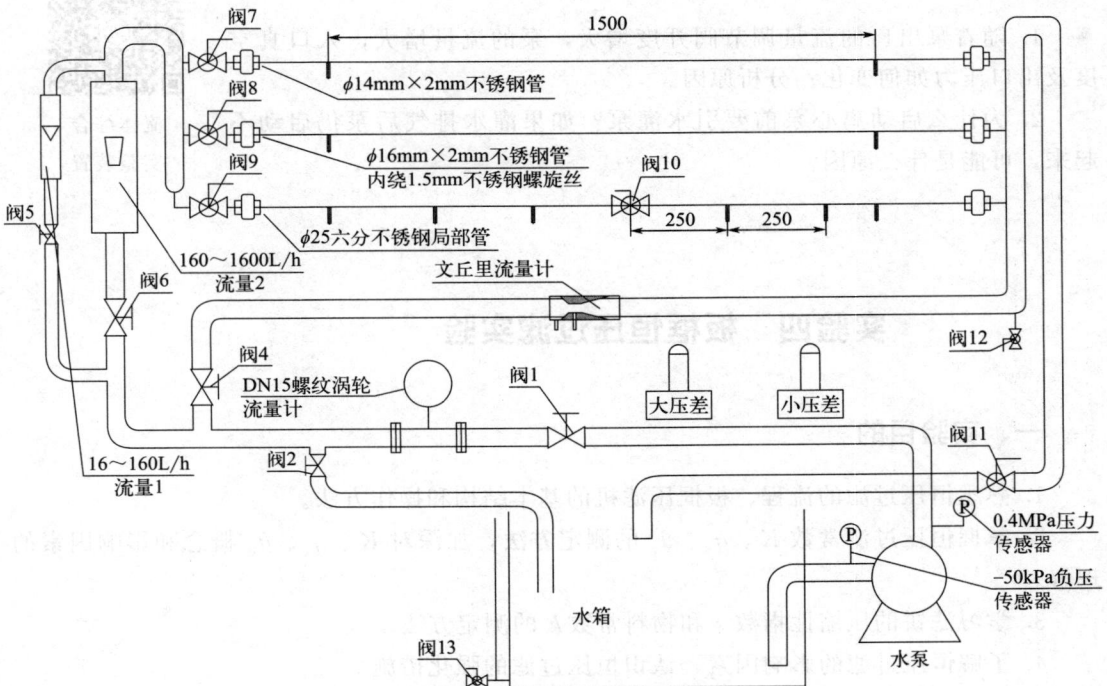

图 6-5　离心泵性能曲线测定实验装置

流体经大涡轮流量计计量，用流量调节阀 1 调节流量，回到水箱。

水的流量使用涡轮流量计测量，管路和管件的阻力采用压差传感器测量。

五、实验操作步骤

1. 熟悉设备、流程及仪表的操作。开启灌泵入口灌泵，尽量排除泵中的空气，空气排出后关闭灌泵入口阀。

2. 关闭装置所有的阀门，水箱加水至液位不低于液位计 2/3 位置。打开总电源开关，按下触摸屏开关。

3. 待电脑启动进入桌面，启动实验软件，进入操作界面状态，点击水泵频率输入 30Hz，点击离心泵开关启动离心泵。

4. 用阀门 1 调节流量，从流量为零至最大或流量从最大到零，测取 10～15 组数据，同时点击实验操作界面中"采集数据"记录涡轮流量计流量、文丘里流量计的压差、泵入口压强、泵出口压强、功率表读数，并记录水温。

5. 测完数据后，关闭全部阀门，关闭水泵开关。

六、注意事项

1. 启动离心泵之前必须检查所有流量调节阀是否都已关闭。
2. 在开、关各阀门时，须缓开慢关。
3. 开启离心泵之前一定要灌泵。

七、思考题

1. 随着泵出口的流量调节阀开度增大，泵的流量增大，入口真空度及出口压力如何变化？分析原因。

2. 为什么启动离心泵前要引水灌泵？如果灌水排气后泵仍启动不起来，可能是什么原因？

流体综合
实验装置

实验四　板框恒压过滤实验

一、实验目的

1. 熟悉恒压过滤的流程、板框压滤机的基本结构和操作方法。
2. 掌握恒压过滤常数 K、q_e、θ_e 的测定方法，加深对 K、q_e、θ_e 概念和影响因素的理解。
3. 学习滤饼的压缩性指数 s 和物料常数 k 的测定方法。
4. 了解恒压过滤的影响因素，认识恒压过滤的强化措施。

二、实验内容

1. 熟悉恒压过滤的流程、板框压滤机的基本结构和操作方法。
2. 在实验条件下，测定不同压力下恒压过滤常数 K、q_e、θ_e，测定滤饼的压缩性指数 s 和物料常数 k。

三、实验原理

过滤是利用过滤介质对含有固体颗粒的悬浮液进行的分离过程，过滤介质通常采用带有许多毛细孔的物质如帆布、毛毯、多孔陶瓷等。含有固体颗粒的悬浮液在一定压力作用下，液体通过过滤介质，固体颗粒被截留，从而使液固两相分离。

在过滤过程中，由于固体颗粒不断地被截留在介质表面上，滤饼厚度逐渐增加，液体流过固体颗粒之间的孔道加长，增加了流体流动阻力，故恒压过滤时，过滤速率是逐渐下降的。随着过滤的进行，若想得到相同的滤液量，则后续过滤过程的过滤时间要增加。

恒压过滤方程为：

$$(q + q_e)^2 = K(\theta + \theta_e) \tag{6-14}$$

式中　q——单位过滤面积获得的滤液体积，m^3/m^2；

　　　q_e——单位过滤面积上的虚拟滤液体积，m^3/m^2；

　　　θ——实际过滤时间，s；

　　　θ_e——虚拟过滤时间，s；

　　　K——过滤常数，m^2/s。

将式(6-14)进行微分并整理可得：

$$\frac{d\theta}{dq} = \frac{2}{K}q + \frac{2}{K}q_e \tag{6-15}$$

$\frac{d\theta}{dq}$-q 是一个直线关系，于直角坐标上标绘 $\frac{d\theta}{dq}$-q 的关系，可得直线。其斜率为 $\frac{2}{K}$，截距为 $\frac{2}{K}q_e$，从而求出 K、q_e，θ_e 可由下式求出：

$$q_e^2 = K\theta_e \tag{6-16}$$

注：当各数据点的时间间隔不大时，$\frac{d\theta}{dq}$ 可用增量之比 $\frac{\Delta\theta}{\Delta q}$ 来代替。

过滤常数的定义式：

$$K = 2k\Delta p^{(1-s)} \tag{6-17}$$

两边取对数：

$$\lg K = (1-s)\lg\Delta p + \lg(2k) \tag{6-18}$$

因 $k = \frac{1}{\mu r v} =$ 常量，故 $\lg K$ 与 $\lg\Delta p$ 的关系在直角坐标上标绘时应是一条直线，直线的斜率为 $(1-s)$，截距为 $\lg(2k)$，由此可得滤饼的压缩性指数 s 及物料常数 k。

四、实验装置图

实验装置如图 6-6 所示。

本实验装置的滤框为圆形，直径为 85mm。

配料槽内配有一定浓度的轻质碳酸钙悬浮液（浓度在 6%～8% 之间），用电动搅拌器进行均匀搅拌（浆液不出现旋涡为好）。用离心泵将浆液打到板框压滤机，过滤后的滤液在滤液桶内计量和称重。过滤完成后打开洗水罐对管道系统进行清洗。

五、实验操作步骤

（1）打开控制箱电源开关，开启触摸屏开关，待电脑启动进入桌面，启动实验软件，

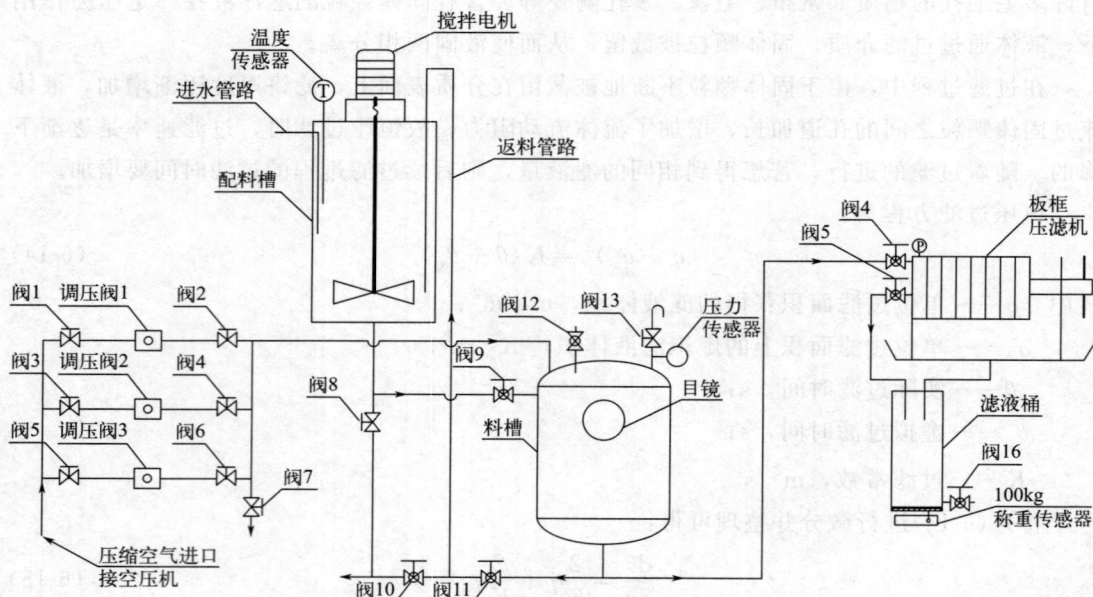

图 6-6　板框恒压过滤实验装置

进入操作界面。

（2）关闭所有阀门，在配料槽中配制含 $CaCO_3$ 浓度 6％～8％（质量分数）的水悬浮液，总容积约占配料槽 1/2，设置搅拌转速，开启搅拌电机，使配料槽内浆液搅拌均匀，同时启动空压机。

（3）正确组装滤板、滤框及滤布。滤布使用前用水浸湿。滤布要绷紧，不能起皱（注意：用螺旋压紧时，千万不要把手指压伤，先慢慢转动手轮使板框合上，然后再压紧）。

（4）打开料槽泄压阀（阀13）泄压，再开启放料阀（阀9）向料槽内加料，加料至料槽内料浆液位接近料槽目镜的中间，立即关闭放料阀（阀9）和搅拌电机。

（5）开启阀1和阀2，调节调压阀1，设定过滤压力（0.1～0.25MPa）。

（6）点击操作界面滤液重量"清零"按钮清零，先打开板框压滤机的滤液出口阀（阀15），接着关闭料槽泄压阀（阀13）泄压，稍等压力稳定至设定压力，再打开板框压滤机的料浆入口阀（阀14）开始过滤，同时点击操作界面开始采集不同时间的滤液质量的数据，采集完成点击保存数据，打开滤液桶的排空阀（阀16）。当没有滤液流出时，关闭板框压滤机的料浆入口阀（阀14），此次过滤实验结束。

（7）开启压紧装置，卸下压滤机的板框，并放置于清洗槽内，用刷子刷洗滤框、滤板及过滤介质，清洗干净再组装准备下次实验。

（8）将清洗槽内的 $CaCO_3$ 颗粒及清洗水一起倒回配料槽，再将配料槽加水至步骤2同样的液位高度，以确保前后实验所用浆液的浓度一致。

（9）调节调压阀，设定不同的过滤压力，重复步骤3～8。

（10）进行至少3次不同操作压力的过滤后，实验结束，开启返料阀（阀11），利用压缩空气将料槽中剩余的料浆压返配料槽，然后关闭返料阀（阀11），再关闭空压机并放空设备内的压缩空气。

（11）退出软件，关闭电脑，然后关闭触摸屏开关和电源开关，切断实验电源。打扫实验室卫生。

六、实验注意事项

1. 滤板与滤框之间的密封垫应注意放正，滤板与滤框的滤液进出口对齐。用摇柄把过滤设备压紧，以免漏液。

2. 电动搅拌器为无级调速。使用时首先接上系统电源，打开调速器开关，调速应由小到大缓慢调节，切勿调节过快损坏电机。实验结束后，将无级调速器转速调至0。

七、思考题

1. 为什么每次实验结束后都要把滤饼和滤液倒回配料槽？

2. 为什么过滤开始时，滤液常常有点浑浊，而过段时间后才变清？

3. 如果滤液的黏度比较大，可以采用什么措施来提高过滤速率？

4. 影响过滤速率的主要因素有哪些？

恒压实验装置

实验五　传热实验

一、实验目的

1. 通过对普通套管换热器中空气-水蒸气系统传热性能的研究，掌握总传热系数 K_i 和对流传热系数 α_i 的测定方法；并应用线性回归分析方法确定普通套管换热器的关联式 $Nu = ARe^m Pr^{0.4}$ 中常数 A 和 m 的值。

2. 通过对强化套管换热器中空气-水蒸气系统传热性能的研究，测定总传热系数 K_i 和对流传热系数 α_i；并确定强化套管换热器的关联式 $Nu' = A'Re^{m'} Pr^{0.4}$ 中常数 A' 和 m' 的值。

3. 分析随流量增加强化比 Nu'/Nu 的变化。

4. 了解强化传热的主要途径及措施。

二、实验内容

1. 测定 8～10 组不同空气流量下普通套管换热器的数据，计算相应总传热系数 K_i 和对流传热系数 α_i，对 α_i 的实验数据进行线性回归，绘制线性回归曲线，确定对流传热系数准数关联式 $Nu = ARe^m Pr^{0.4}$ 中常数 A 和 m 的值，最终确定关联式的具体形式。

2. 测定 8～10 组不同空气流量下强化套管换热器的数据，计算相应总传热系数 K_i 和对流传热系数 α_i，对 α_i 的实验数据进行线性回归，绘制线性回归曲线，确定对流传热系数准数关联式 $Nu' = A'Re^{m'} Pr^{0.4}$ 中常数 A' 和 m' 的值，最终确定关联式的具体形式。

三、实验原理

1. 总传热系数 K_i 和对流传热系数 α_i 及普通套管换热器准数关联式的确定

（1）总传热系数

可以根据总传热速率方程，通过实验测定，即

$$K_i = \frac{Q_i}{\Delta t_m S_i}$$

式中　K_i——管内流体总传热系数，$W/(m^2 \cdot ℃)$；

　　　Q_i——管内传热速率，W；

　　　S_i——管内换热面积，m^2；

　　　Δt_m——对数平均温度差，$℃$。

热量衡算式为：

$$Q_i = W_i C_{pi}(t_{i2} - t_{i1})$$

其中质量流量 W_i 可由下式求得：

$$W_i = \frac{V_i \rho_i}{3600}$$

式中　V_i——冷流体空气在套管内的平均体积流量，m^3/h；

　　　C_{pi}——冷流体空气的定压比热容，$kJ/(kg \cdot ℃)$；

　　　ρ_i——冷流体空气的密度，kg/m^3。

C_{pi} 和 ρ_i 可根据空气定性温度 t_m 查得，$t_m = \dfrac{t_{i2} + t_{i1}}{2}$ 为冷流体空气的进出口平均温度。

管内换热面积为：

$$S_i = \pi d_i L_i$$

式中　d_i——换热管内径，mm；

　　　L_i——传热管测量段的实际长度，m。

备注：本实验换热管内径 $d_i = 19mm$；管长 $L_i = 1m$。

对数平均温度差由下式确定：

$$\Delta t_m = \frac{(T_s - t_{i1}) - (T_s - t_{i2})}{\ln \dfrac{T_s - t_{i1}}{T_s - t_{i2}}}$$

式中　t_{i1}，t_{i2}——冷流体空气的进、出口温度，$℃$；

　　　T_s——饱和蒸汽的温度，$℃$。

（2）对流传热系数 α_i 的测定

对流传热系数 α_i 可以根据牛顿冷却定律，通过实验来测定，即

$$\alpha_i = \frac{Q_i}{\Delta t_{m,i} S_i}$$

式中　α_i——管内流体对流传热系数，$W/(m^2 \cdot ℃)$；

　　Q_i——管内传热速率，W；

　　S_i——管内换热面积，m^2；

　　$\Delta t_{m,i}$——管内平均温度差，℃。

　　平均温度差 $\Delta t_{m,i} = t_w - t_m$

式中　t_m——冷流体的入口、出口平均温度，℃；

　　　t_w——壁面平均温度，℃。

　　因为换热器内管为紫铜管，其热导率很大，且管壁很薄，故认为内壁温度、外壁温度和壁面平均温度近似相等，用 t_w 来表示，由于管外使用蒸汽，所以 t_w 近似等于热流体的平均温度。

　　（3）对流传热系数准数关联式的实验确定

　　流体在管内作强制湍流时处于被加热状态，准数关联式的形式为：

$$Nu = ARe^m Pr^{0.4}$$

　　其中：$Nu = \dfrac{\alpha_i d_i}{\lambda_i}$，$Re = \dfrac{d_i u_i \rho_i}{\mu_i}$，$Pr = \dfrac{C_{pi} \mu_i}{\lambda_i}$。

　　物性数据 λ_i、C_{pi}、ρ_i、μ_i 可根据定性温度 t_m 查得。经过计算可知，对于管内被加热的空气，普朗特数 Pr 变化不大，可以认为是常数。

　　通过实验确定不同流量下 Re 与 Nu，然后用线性回归方法确定 A 和 m 的值。

2. 强化套管换热器传热系数、准数关联式及强化比的测定

　　强化传热技术可以使初设计的传热面积减小，从而减小换热器的体积和重量，提高现有换热器的换热能力，达到强化传热的目的。同时换热器能够在较低温差下工作，减少了换热器的传热阻力，可以更合理有效地利用能源。强化传热的措施有多种，本实验强化套管式换热装置采用了在换热管内壁面固定螺旋线圈的方式。

　　其中螺旋线圈的结构图如图 6-7 所示，螺旋线圈由直径 3mm 以下的铜丝和钢丝按一定间距绕成。将金属螺旋线圈插入并固定在换热管内壁，即可构成一种强化传热管。在近壁区域，流体由于螺旋线圈的作用而发生旋转，同时还周期性地受到线圈的螺旋金属丝的扰动，因而可以使传热强化。

　　单纯研究强化手段的强化效果（不考虑阻力的影响），可以用强化比的概念作为评判准则，它的形式

图 6-7　螺旋线圈强化管内部结构

是 Nu'/Nu，其中 Nu' 是强化管的努塞特数，Nu 是普通管的努塞特数，显然，强化比 $Nu'/Nu > 1$，而且它的值越大，强化效果越好。需要说明的是，如果评判强化方式的真正效果和经济效益，则必须考虑阻力因素，阻力系数随着换热系数的增加而增加，从而导致换热性能的降低和能耗的增加，只有强化比较高，且阻力系数较小的强化方式，才是最佳的强化方法。

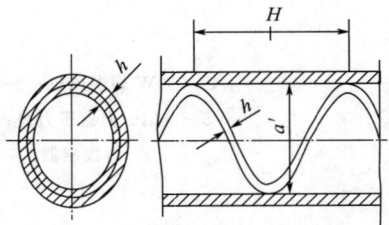

四、实验装置图

　　实验装置如图 6-8 所示。

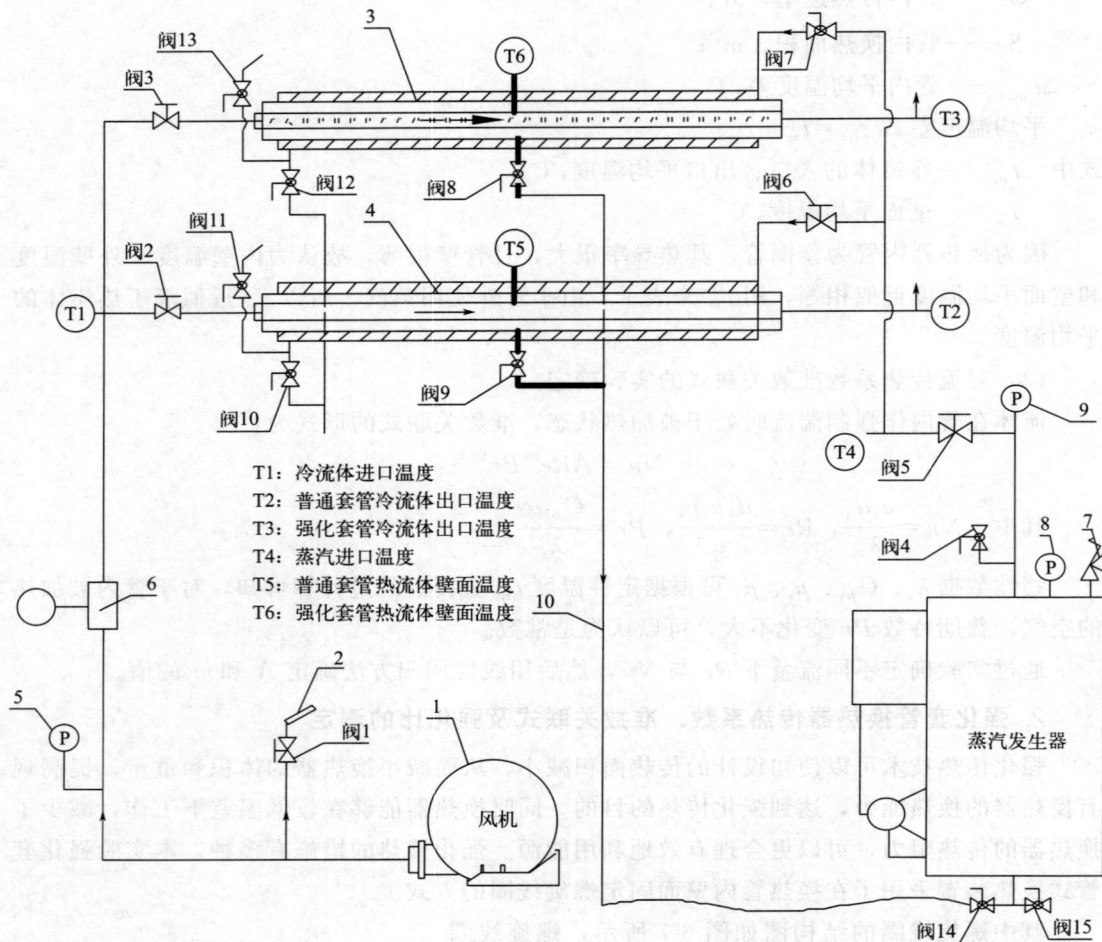

图 6-8　传热实验装置

1—550W 旋涡风机；2—消声器；3—强化套管换热器；4—普通套管换热器；

5—16kPa 膜盒压力表；6—DN25 涡轮流量计；7—蒸汽安全阀；8—蒸汽压

力控制器；9—0.4MPa 压力传感器；10—冷凝液回流管

T1：冷流体进口温度

T2：普通套管冷流体出口温度

T3：强化套管冷流体出口温度

T4：蒸汽进口温度

T5：普通套管热流体壁面温度

T6：强化套管热流体壁面温度

五、实验操作步骤

1. 普通套管换热器实验

（1）保持空气旁路阀门（阀 1）开启，关闭其他所有阀门。向蒸汽发生器的水箱内加入适量蒸馏水。检查蒸汽发生器上的蒸汽安全阀是否能正常开启关闭。

（2）打开蒸汽发生器控制箱电源开关，开启触摸屏开关，待电脑启动进入桌面，启动实验软件，进入操作界面。启动蒸汽发生器加热开关，蒸汽发生器自动运行，当蒸汽发生器内压力达到设定压力时自动停止加热。

（3）打开阀 10，然后打开蒸汽出口阀 6，蒸汽进入普通套管换热器，观察排气出口有蒸汽排出，标志着换热器内不凝性气体排完。稍等 1min 左右，关闭阀 10，再打开冷凝水排出阀 9，冷凝水沿底部管道回到蒸汽发生器。待压力再次稳定，可以开始实验。

（4）通过阀 2 和阀 1 调节空气流量，待出口温度稳定后，点击软件界面的"采集数据"按钮，进入数据采集界面"采集数据一次"。改变空气流量，采集 8～10 组实验数据。

（5）实验完成后，关闭阀 2 和阀 6，准备进行强化套管换热器实验。

2. 强化套管换热器实验

（1）打开阀 11，然后打开蒸汽出口阀 7，蒸汽进入强化套管换热器，观察排气出口有蒸汽排出，标志着换热器内不凝性气体排完。稍等 1min 左右，关闭阀 11，再打开冷凝水排出阀 8，冷凝水沿底部管道回到蒸汽发生器。待压力稳定，可以开始实验。

（2）通过阀 3 和阀 1 调节空气流量，待出口温度稳定后，点击软件界面的"采集数据"按钮，进入数据采集界面"采集数据一次"。改变空气流量，采集 8～10 组实验数据。

（3）实验完成后，关闭阀 7、阀 3 和阀 8。

（4）点击关闭风机，关闭蒸汽发生器电源，长时间不使用设备时，需打开阀 15 将蒸汽发生器内的水排尽。退出软件，关闭电脑，然后关闭电控箱面板的触摸屏开关和电源开关，切断实验电源。整理实验台。

六、实验注意事项

1. 检查蒸汽加热釜中的水位是否在正常范围内。实验中要检查进水浮球阀是否控制正常。

2. 必须保证蒸汽上升管线的畅通，开启和关闭控制阀必须缓慢，防止管线截断或蒸汽压力过大突然喷出。

3. 必须保证空气管线的畅通。在转换支路时，两个空气支路控制阀和旁路调节阀必须有一个要打开。

4. 实验操作时应注意安全，手不能触摸换热器，通电工作中不能打开电控箱，防止触电和烫伤。

5. 测量时应逐步加大空气流量，记录数据。否则实验数值误差较大。

七、思考题

1. 管壁温度接近哪一侧流体的温度？为什么？

2. 在本实验中，水蒸气和空气的流向对传热过程有无影响？

3. 强化传热的途径有哪些？本实验采用的强化传热措施有几种？分别是什么？

传热实验装置

实验六　筛板塔塔板效率测定

一、实验目的

1. 熟悉精馏单元操作过程的设备与流程。

2. 了解筛板塔的基本构造及各个部分的作用，观察精馏塔工作时塔板上的水力状况。

3. 学会识别精馏塔内的几种操作状态，并分析这些操作状态对塔性能的影响。

4. 测定全回流及部分回流操作时的全塔效率，掌握回流比对精馏塔效率的影响。

二、实验内容

1. 研究开车过程中，精馏塔在全回流条件下塔顶温度等参数随时间变化的情况。

2. 精馏塔在稳定操作条件下，测定塔内温度沿塔高的分布。

3. 测定精馏塔在全回流下稳定操作的全塔理论塔板数、全塔效率。

4. 测定精馏塔在某一回流比下连续稳定操作的全塔理论塔板数、全塔效率。

三、实验原理

1. 精馏塔的正常、稳定操作

精馏塔从开车到正常、稳定操作是一个从不稳定到稳定的渐进过程。在这一过程中，塔内的浓度分布会从不正常到正常，经历"逆行分馏"之后，才会转入正常操作状态。因为刚开车时，塔板上均没有液体，蒸气可直接穿过干板到达冷凝器，被冷凝成液体后再返回塔内第一块塔板，并与上升的蒸气接触，逐板溢流至塔釜。因为首先返回塔釜的液体经过的板数最多，从而经过的气液平衡次数也最多，所以首先到达最底下一块塔板的液体其轻组分的含量必然是最高的。而塔顶第一块塔板上的液体中轻组分的含量反而会比它下面塔板上的液体中轻组分的含量低一些，这就是"逆行分馏"现象。从"逆行分馏"到正常精馏，需要较长的转换时间。对于实验室的精馏装置，这一转换时间至少需30min。而对于实际生产装置，转换时间有可能超过2h。所以精馏塔从开车到正常、稳定操作的时间也必须保证在30min以上。判断精馏塔是否已经进入正常、稳定操作状态，还必须经过采样分析才能知道。如果在同一采样点连续三次采样分析（至少两次，间隔10min以上）结果均相近（不超过5%），则可认为已进入正常、稳定操作状态。

2. 维持精馏塔正常、稳定操作的条件

（1）根据给定的工艺要求严格维持物料平衡

若总物料不平衡，进料量大于出料量，会引起淹塔；反之，若出料量大于进料量则会导致塔釜干料。从精馏的组分衡算方程（$Fx_F = Dx_D + Wx_W$）可以导出：$D/F = (x_F - x_W)/(x_D - x_W)$；$W/F = 1 - D/F$。两式告诉我们，在 F、x_F、x_D、x_W 一定的情况下，还应严格保证馏出液 D 和釜液 W 的采出率满足组分衡算的要求。如果采出率 D/F 过大，即使精馏塔有足够的分离能力，在塔顶仍不能取得合格的产品。

（2）根据设计要求，严格控制回流量

在塔板数一定的情况下对于精馏操作必须有足够的回流比，才能保证有足够的分离能力以获取符合工艺要求的产品。要取得合格的产品，必须严格控制回流量（$L = RD$），以保证足够的回流比。

（3）严格控制精馏塔内的气液两相负荷量，避免发生不正常的操作现象

漏液、雾沫夹带与液泛是精馏塔常见的非正常操作现象。板式塔的正常操作工况有三

种，即鼓泡工况、泡沫工况和喷射工况。大多数精馏塔均在前两种工况下操作。因此，正常操作时板上的鼓泡层高度应控制在板间距的 1/3 以内，最多不超过 1/2，否则会影响塔板的分离效率，严重时会导致干板或淹塔，使塔无法正常操作。操作时，塔内的两相负荷量可以通过调节塔釜的加热负荷与塔顶的冷却水量来控制。

（4）严格控制塔压降

塔板压降可以反映塔内的流体力学状况，根据压降的变化可以及时调整塔的加热负荷与冷却水量，以控制塔的正常、稳定操作。在实际生产中塔板压降还可以反映塔板上的结构变化（如结垢、堵塞、腐蚀等），须尽早了解，以便及时处理。

（5）严格控制灵敏板温度

灵敏板是指温度随组成变化最大的塔板。精馏操作因物料不平衡和分离能力不够所造成的产品不合格现象，可早期通过灵敏板温度的变化来预测，然后采取相应的措施以保证产品的合格率。塔釜加热量的大小，可直接反映在灵敏板温度上，所以严格控制灵敏板的温度是保证精馏过程稳定操作的有效措施。灵敏板的温度是通过塔釜的加热量来控制的，塔釜加热量可通过调压器改变塔釜电加热器输入电压的大小来调节。实验操作时，在初始开车阶段，首先可将控制屏上的"加热"开关打开，待相应的绿色指示灯亮后，将功率控制在 1.5kW 左右，打开冷却水，随时观察灵敏板的温度变化；待塔板上开始鼓泡后，逐步降低功率，同时还必须通过玻璃塔节随时观察塔板上泡沫层的高度变化，严格控制在板间距的 1/3～1/2 之内，正常操作时应控制在 1～2kW 之间。一般情况下，塔板上液层（泡沫层）的变化，会滞后于塔釜的温度变化 2～3min，操作人员发现塔板上液层（泡沫层）上涨或下降，必须立即采取措施，以防止发生严重雾沫夹带、液泛、淹塔和漏液、干板等不正常的操作现象，确保精馏过程的正常、稳定操作。待操作状态基本稳定之后，应将"调节 1、2"电位器关小，防止电加热功率过大（热惯性过大），温度难以稳定，以确保精馏塔能在有效控制状态下稳定操作。

3. 产品不合格时的调节方法

（1）由于物料不平衡而引起的不正常现象及调节

在操作过程中，要求维持总物料的平衡是比较容易的，但要求保证组分的物料平衡则比较困难，因精馏过程常常会在物料的不平衡条件下操作。在正常情况下，对于精馏过程应有：$Fx_F = Dx_D + Wx_W$。如果在 $Dx_D > Fx_F - Wx_W$ 情况下操作，显而易见，随着过程的进行，塔内轻组分将大量流失，重组分逐步积累，致使操作逐渐恶化。

表观现象：塔釜温度合格，塔顶温度逐渐升高，塔顶产品不合格，严重时馏出液会减少。造成这一情况的直接原因：①进料组成有变化，轻组分含量下降；②塔釜与塔顶产品的采出比例不当，即 $D/F > (x_F - x_W)/(x_D - x_W)$。处理方法：如果是原因②，可维持加热负荷不变，减少塔顶采出，加大塔釜采出量和进料量，使过程在 $Dx_D < Fx_F - Wx_W$ 的情况下操作一段时间，待塔顶温度下降至规定值时，再调节操作参数使过程在 $Fx_F = Dx_D + Wx_W$ 的状态下操作。如果是原因①，若进料组成的变化不大，调节方法同②。如果进料组成的变化较大，则需改变回流量或调整进料位置。

如果在 $Dx_D < Fx_F - Wx_W$ 情况下操作，则恰与上述情况相反，其表观现象是塔顶合格而塔釜温度下降，塔釜采出不合格。

（2）生产调节变化引起的不正常操作的调节

人为因素或偶然因素导致进料量变化（可由进料的流量计看出）引起的不正常操作，可直接调节进料阀的开度使之恢复正常。如果是生产需要有意改变进料量，则应以维持生产的稳定操作为目标进行调节，使过程仍然在 $Fx_F = Dx_D + Wx_W$ 的状况下操作。

（3）进料温度变化引起的不正常操作的调节

进料温度变化对精馏过程的分离效果有直接影响，因为它会直接影响到塔内的上升蒸气量，易使塔处于不稳定操作状况，严重时还会发生跑料现象。如果不及时调节，后果是严重的。发生此类情况，主要通过调整加热负荷来解决。

（4）进料组成变化引起的不正常操作的调节

进料组成变化引起的不正常操作的调节方法同（1），但不如进料量变化那样容易被发觉（要待分析进料组成时才可能知道）。当操作数据上有反应时，往往会滞后，因此如何能及时发觉并及时处理在精馏操作中是经常要遇到的问题，应引起高度重视。

4. 塔板效率

塔板效率是精馏塔设计的重要参数之一。有关塔板效率的定义有如下几种：点效率、默弗里（Murphree）板效率（单板效率）和全塔效率等。影响塔板效率的因素有很多，如塔板结构、气液相流量和接触状况以及物性等。迄今为止，塔板效率的计算问题尚未得到很好的解决。

由于受到众多复杂因素的影响，通常板式塔内各层塔板上的气液相接触效率并不相同，精馏塔内各板和板上各点的效率也不尽相同，工程上有实际意义的是在全回流条件下测定全塔效率，它体现了塔板结构、物系性质、操作状况对塔分离能力的影响，一般由实验测定。全塔效率的定义如下：

$$E_T = \frac{N_T}{N_P} \times 100\% \tag{6-19}$$

式中　E_T——全塔效率；

　　　N_T——所需理论塔板数（不包括塔釜）；

　　　N_P——实际塔板数。

只要在全回流条件下测得塔顶和塔釜目标组分的浓度和，即可根据物系的相平衡关系，在 x-y 图上通过阶梯作图法求得理论塔板数（必须注意：由 x-y 图图解获得的梯级总数包含精馏塔的塔釜在内，减去 1 之后才是精馏塔的理论塔板数），实际塔板数则可以直接从已有的实验装置获得（本实验装置为 10 块），根据式（6-19）求得全塔效率。测定全塔效率的实验步骤为：①按操作规程开车，在全回流条件下进入正常、稳定操作状态后，调整有关控制参数使精馏过程符合工艺要求，然后同时取馏出液与釜液样品，并分析馏出液与釜液的组成；②确定精馏塔的实际塔板数；③由气液平衡数据绘制 x-y 图，由图解获得理论塔板数；④根据式（6-19）求得全塔效率。如果要测定不同原料组成时的全塔效率，则还需改变料液的组成，多测几组数据。

在部分回流条件下测得塔顶和塔釜目标组分的浓度、进料组成、进料温度、回流比 R 等，求出精馏段操作线方程和 q 线方程，根据釜液组成确定提馏段操作线方程，已知双组分物系平衡关系，即能用图解法或逐板计算法求得理论塔板数。

精馏段操作线方程：

$$y_{n+1} = \frac{R}{R+1}x_n + \frac{1}{R+1}x_D \qquad (6-20)$$

进料 q 线方程：

$$y = \frac{q}{q+1}x + \frac{1}{q+1}x_F \qquad (6-21)$$

进料热状态参数 q 由下式计算：

$$q = \frac{r_F + C_{p,F}(t_S - t_F)}{r_F} \qquad (6-22)$$

式中　q——进料热状态参数；

R——回流比；

t_F——进料温度，℃；

t_S——进料的饱和温度，℃，由进料组成 x_F，可查进料物系的 t-x-y 相图确定；

$C_{p,F}$——进料在平均温度 $(t_S - t_F)/2$ 下的比热容，kJ/(kmol·℃)；

r_F——进料的汽化潜热，kJ/kmol。

$$C_{p,F} = C_{p,A}M_A x_A + C_{p,B}M_B x_B \qquad (6-23)$$
$$r_F = r_A M_A x_A + r_B M_B x_B \qquad (6-24)$$

式中　$C_{p,A}$、$C_{p,B}$——组分 A、B 在平均温度 $(t_S - t_F)/2$ 下的比热容，kJ/(kmol·℃)；

r_A、r_B——组分 A、B 在进料的饱和温度下的汽化潜热，kJ/kmol；

M_A、M_B——组分 A、B 的摩尔质量，kg/kmol；

x_A、x_B——组分 A、B 在进料中的摩尔分数。

四、实验装置图

实验装置如图 6-9 所示。

五、实验操作步骤

1. 精馏塔全塔效率测定（全回流）

（1）检查设备，关闭所有阀门，打开电源开关。

（2）打开阀 11 和阀 12，向原料罐中加入浓度为 20％左右的酒精与水的混合溶液。

（3）打开阀 9，开启进料泵，打开阀 7 和阀 18，向塔釜加入原料液，直至原料液的液位不低于液位计 2/3 的位置，然后关闭阀 7、阀 9、阀 18 和进料泵。

（4）打开加热开关，将电流调至 7.5A 左右（顺时针方向）。

（5）开启阀 14、阀 17，调节冷却水流量至 200L/h 左右。

（6）塔釜持续加热，待从玻璃塔节处看到塔板已完全鼓泡后，将电流调回至 3～5A，以控制塔板上的泡沫层不超过塔节高度的 1/2，防止过多的雾沫夹带。

（7）全回流实验时，不用打开电磁阀开关（电磁阀为常开电磁阀）。

（8）稳定操作至少 30min，可开始从塔顶、塔釜取样口同时取样分析。

（9）如果连续 2 次（时间间隔应在 10min 以上）分析结果的误差均不超过 5％，即认为系统已达到稳定状态。否则，需再次取样分析，直至达到要求。

（10）完成实验后，先关闭加热电源，待塔板上完全干板后再关闭冷却水阀。

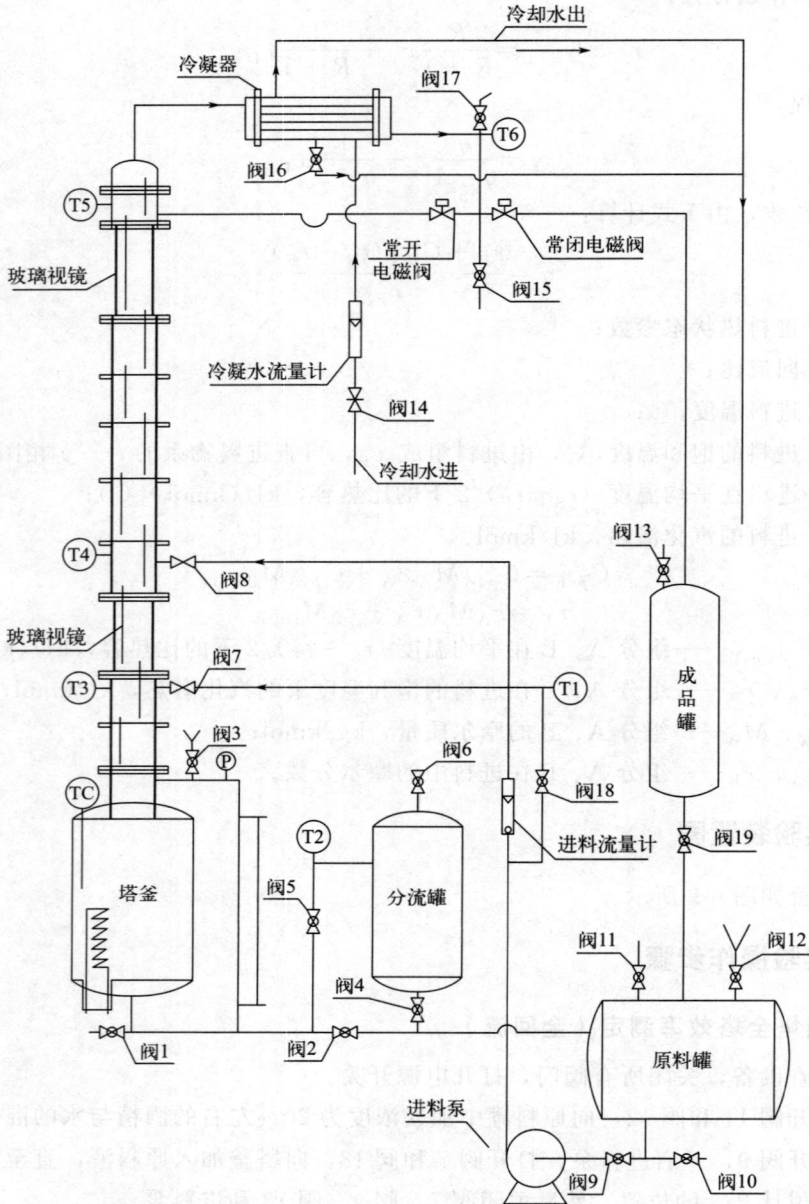

图 6-9 筛板塔塔板效率测定实验装置

2. 精馏塔连续操作实验（部分回流）

（1）检查设备，关闭所有阀门。

（2）打开阀 11 和阀 12，向原料罐中加入浓度为 15%～20% 的酒精与水的混合溶液。

（3）打开阀 9，开启进料泵，打开阀 7 和阀 18，向塔釜加入原料液，直至原料液的液位不低于液位计 2/3 的位置，然后关闭阀 7、阀 9、阀 18 和进料泵。

（4）打开加热开关，将电流调至 7.5A 左右（顺时针方向）。

（5）开启阀 14、阀 17，调节冷却水流量至 200L/h 左右。

（6）塔釜持续加热，待从玻璃塔节处看到塔板已完全鼓泡后，将电流调回至 3～5A，以控制塔板上的泡沫层不超过塔节高度的 1/2，防止过多的雾沫夹带。

（7）稳定操作至少 30min，打开阀 9，开启进料泵，打开阀 7，调节进料流量至 2～4L/h。

（8）打开电磁阀开关，设定回流比为 2∶1。

（9）开启阀 5、阀 6，使釜液从阀 5 管道流入分流罐。打开阀 13 进行排气，使馏出液顺利进入成品罐。

（10）待获得的合格产品量达到 500mL 以上即可结束实验，取样分析产品浓度。

（11）完成实验后，先关闭加热电源，待塔板上完全干板后再关闭冷却水阀。

（12）打开阀 2、阀 3、阀 4，阀 19，使所有料液回到原料罐混合，以备下次使用。

六、实验注意事项

1. 开车前应预先按工艺要求检查（或配制）料液的组成与数量。

2. 开车前，必须认真检查塔釜的液位，看是否有足够的料液（必须确保釜内的料液液面不低于液位计的 2/3，以免烧坏电加热器）。

3. 加热开始后，要及时开启冷却水阀和塔顶放空阀，利用上升蒸气将不凝气排出塔外；当釜液加热至沸腾后，需严格控制加热量。

4. 开车时必须在全回流下操作，稳定后再转入部分回流，以减少开车时间。

5. 进入部分回流操作时，要预先选择好回流比和加料口位置。注意必须在全回流操作状况完全稳定以后，才能转入部分回流操作。

6. 操作中应保证物料的基本平衡，塔釜内的液面应维持基本不变。

7. 操作时必须严格注意塔釜压强和灵敏板温度的变化，在保证塔板上正常鼓泡层的前提下，严格控制塔板上的泡沫层高度不超过板间距的 1/2，并及时进行调节控制，以确保精馏过程的正常、稳定操作。

8. 取样必须在稳定操作时才能进行，塔顶、塔釜最好能同时取样，取样量应以满足分析的需要为度，取样过多会影响塔内的稳定操作。分析用过的样品应倒回料液槽内。

9. 停车时，应先停进、出料，再停加热系统，过 4～6min 后再停冷却水，使塔内余气尽可能被完全冷凝下来。

10. 严格控制塔釜电加热器的输入功率，必须确保塔釜内的料液液面不低于液位计的 2/3（塔釜加热管以上），以免烧坏电加热器。

11. 开启转子流量计的控制阀时不要开得过快，以免冲坏或顶死转子。

七、思考题

1. 在工程实际中何时采用全回流操作？其作用和意义是什么？

2. 在全回流条件下全塔效率是否等于塔内某块板的单板效率？为什么？

3. 筛板塔中气液两相的流动特点是什么？

4. 进料状况为冷液进料，当进料量太大时，为什么会出现精馏段干板，甚至出现塔顶既没有回流也没有出料的现象？应如何调节？

5. 灵敏板温度在精馏操作中的意义是什么？

筛板精馏实验
装置

实验七　吸收与解吸实验

一、实验目的

1. 了解填料塔吸收单元操作的设备与流程。
2. 了解填料吸收塔的结构、性能和特点，练习并掌握填料塔操作方法。
3. 观察填料吸收塔的流体力学行为，加深对填料塔流体力学性能基本理论的理解。
4. 测定在干、湿填料状态下填料层压降与空塔气速的关系。
5. 掌握总传质系数的测定方法并分析其影响因素，加深对填料塔传质性能理论的理解。

二、实验内容

1. 测定单位高度填料层压强降与操作空塔气速的关系，确定在一定液体喷淋量下的液泛气速。
2. 采用纯水吸收混合气体中的二氧化碳，固定液相流量和入塔混合气二氧化碳的浓度，在液泛速度以下测定填料塔总传质系数。
3. 用空气解吸水中二氧化碳的操作练习。

三、实验原理

气体通过填料层的压强降：压强降是塔设计中的重要参数，气体通过填料层压强降的大小决定了塔的动力消耗。压强降与气、液流量均有关，不同液体喷淋量下单位高度填料层的压强降 $\Delta p/Z$ 与空塔气速 u 的关系如图 6-10 所示。

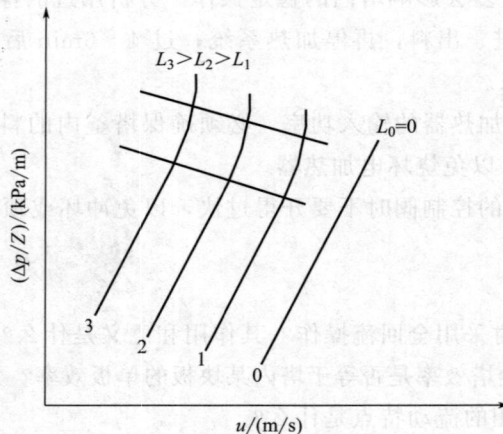

图 6-10　填料层的 $(\Delta p/Z)$-u 关系

当液体喷淋量 $L_0 = 0$ 时，干填料的 $(\Delta p/Z)$-u 的关系是直线，如图 6-10 中的直线 0。

当有一定的喷淋量时，$(\Delta p/Z)\text{-}u$ 的关系变成折线，并存在两个转折点，下转折点称为"载点"，上转折点称为"泛点"。这两个转折点将 $(\Delta p/Z)\text{-}u$ 关系分为三个区段：恒持液量区、载液区及液泛区。

传质性能：吸收系数是决定吸收过程速率高低的重要参数，实验测定可获取吸收系数。对于相同的物系及一定的设备（填料类型与尺寸），吸收系数随着操作条件及气液接触状况的不同而变化。

如图 6-11，根据双膜模型的基本假设，气相侧和液相侧的吸收质 A 的传质速率方程可分别表达为：

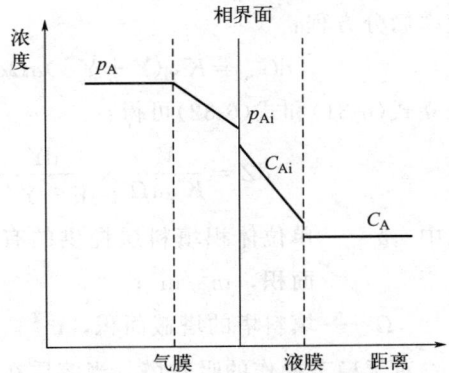

图 6-11　双膜模型的浓度分布

气膜　　　　$N_A = k_G(p_A - p_{Ai})$ 　　　(6-25)

液膜　　　　$N_A = k_L(C_{Ai} - C_A)$ 　　　(6-26)

式中　N_A——A 组分的传质速率，$\text{kmol}/(\text{m}^2 \cdot \text{s})$；

　　　p_A——气侧 A 组分的平均分压，Pa；

　　　p_{Ai}——相界面上 A 组分的平均分压，Pa；

　　　C_A——液侧 A 组分的平均浓度，kmol/m^3；

　　　C_{Ai}——相界面上 A 组分的浓度，kmol/m^3；

　　　k_G——以分压表达推动力的气侧膜传质系数，$\text{kmol}/(\text{m}^2 \cdot \text{s} \cdot \text{Pa})$；

　　　k_L——以物质的量浓度表达推动力的液侧膜传质系数，m/s。

以气相分压或以液相浓度表示传质过程推动力的相际传质速率方程又可分别表达为：

$$N_A = K_G(p_A - p_A^*) \tag{6-27}$$

$$N_A = K_L(C_A^* - C_A) \tag{6-28}$$

式中　p_A^*——液相中 A 组分的实际浓度所要求的气相平衡分压，Pa；

　　　C_A^*——气相中 A 组分的实际分压所要求的液相平衡浓度，kmol/m^3；

　　　K_G——以 $(p_A - p_A^*)$ 表示推动力的总传质系数或简称为气相传质总系数，$\text{kmol}/(\text{m} \cdot \text{Pa})$；

　　　K_L——以 $(C_A^* - C_A)$ 表示推动力的总传质系数或简称为液相传质总系数，m/s。

若气液相平衡关系遵循亨利定律：$C_A = Hp_A$，则：

$$\frac{1}{K_G} = \frac{1}{k_G} + \frac{1}{Hk_L} \tag{6-29}$$

$$\frac{1}{K_L} = \frac{H}{k_G} + \frac{1}{k_L} \tag{6-30}$$

如图 6-12 所示，在逆流接触的填料层内，任意截取一微分段，并以此为衡算系统，则由吸收质 A 的物料衡算可得：

$$\mathrm{d}G_A = V\mathrm{d}Y = L\mathrm{d}X \tag{6-31}$$

式中　V——惰性气体摩尔流率，kmol/s；

　　　Y——气体中溶质的摩尔比，$\text{kmol}(A)/\text{kmol}(B)$；

L——吸收剂摩尔流率，kmol/s；

X——气体中溶质的摩尔比，kmol(A)/kmol(S)。

根据传质速率基本方程式，可写出该微分段的传质速率微分方程：

$$dG_A = K_Y(Y - Y^*)a\Omega dZ \qquad (6-32)$$

联立式(6-31)和式(6-32)可得：

$$dZ = \frac{V}{K_Y a\Omega} \times \frac{dY}{Y - Y^*} \qquad (6-33)$$

式中 a——单位体积填料层提供的有效气液两相接触面积，m^2/m^3；

Ω——填料塔的塔截面积，m^2。

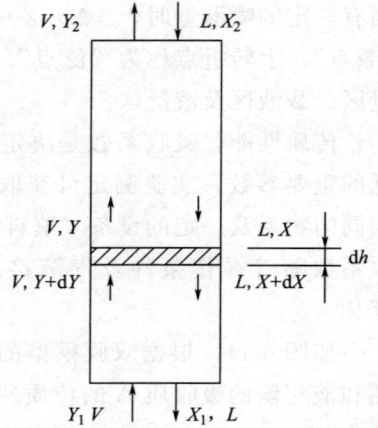

图6-12 填料塔的物料衡算图

对于稳态操作的吸收塔，当溶质在气、液两相中的组成不高时，L、V、a、Ω皆不随时间而变化，且不随截面位置而改变，K_Y通常可视为常数。本实验采用水吸收纯二氧化碳，且已知二氧化碳在常温常压下溶解度较小，则按下列边值条件积分式(6-33)，可得填料层高度的计算公式：

$$Z = \frac{V}{K_Y a\Omega}\int_{Y_2}^{Y_1} \frac{dY}{Y - Y^*} \qquad (6-34)$$

令 $H_{OG} = \dfrac{V}{K_Y a\Omega}$，称其为气相总传质单元高度（HTU）；$N_{OG} = \displaystyle\int_{Y_2}^{Y_1} \frac{dY}{Y - Y^*}$，称其为气相总传质单元数（NTU）。

因此，填料层高度为传质单元高度与传质单元数之乘积，即

$$Z = H_{OG} N_{OG} \qquad (6-35)$$

若气液平衡关系遵循亨利定律，即平衡曲线为直线，则式(6-34)为可用解析法解得填料层高度的计算式，亦可采用下列平均推动力法计算填料层的高度或液相传质单元高度：

$$Z = \frac{V}{K_Y a\Omega} \times \frac{Y_1 - Y_2}{\Delta Y_m} \qquad (6-36)$$

式中，ΔY_m为气相平均推动力，即

$$\Delta Y_m = \frac{\Delta Y_1 - \Delta Y_2}{\ln \dfrac{\Delta Y_1}{\Delta Y_2}} = \frac{(Y_1 - Y_1^*) - (Y_2 - Y_2^*)}{\ln \dfrac{(Y_1 - Y_1^*)}{(Y_2 - Y_2^*)}} \qquad (6-37)$$

$$Y_1^* = \frac{C_{A1} E M_{水}}{\rho_{水} p}$$

其中：$Y_1^* = \dfrac{y_1^*}{1 - y_1^*}$，$y_2^* = 0$，$Y_2^* = 0$。

式中 $\rho_{水}$——水的密度，kg/m^3；

$M_{水}$——水的摩尔质量，kg/kmol；

E——二氧化碳在水中的亨利系数，Pa。

所以，
$$K_Y a = \frac{V(Y_1 - Y_2)}{Z\Omega \Delta Y_m} \tag{6-38}$$

四、设备装置图

如图 6-13 所示，吸收质（二氧化碳气体）由钢瓶经减压阀和二氧化碳转子流量计 FI01 计量后，与经过 FI02 计量后的空气混合由塔底进入吸收塔内，气体自下而上经过填料层与吸收剂纯水逆流接触进行吸收操作，尾气从塔顶放空；吸收剂经涡轮流量计 FI04 计量后由塔顶进入喷洒而下；吸收二氧化碳后的液体流入塔底后进入储槽中，再由吸收液泵经涡轮流量计 FI05 计量后进入解吸塔进行解吸操作，空气由流量计 FI03 控制流量进入解吸塔塔底，自下而上经过填料层与液相逆流接触对吸收液进行解吸，解吸后气体自塔顶放空。风压传感器用来测量填料层两端的压降。

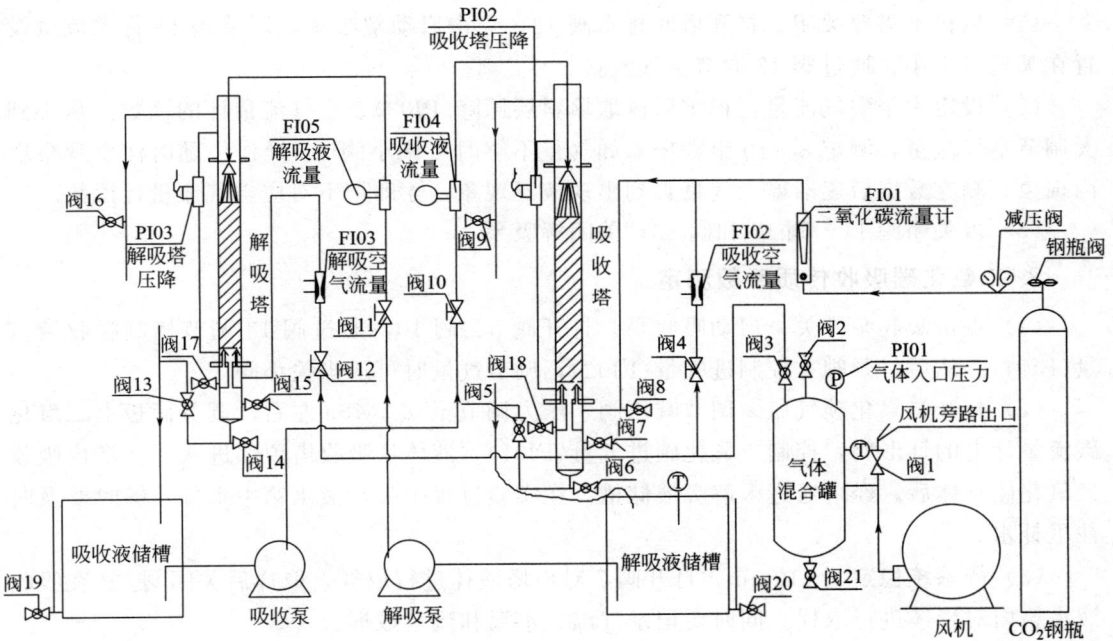

图 6-13　吸收实验装置

填料解吸塔：有机玻璃管内径 $D_i = 70mm$；内装 $\phi 10mm \times 10mm$ 瓷拉西环填料。

填料吸收塔：有机玻璃管内径 $D_i = 90mm$；内装 $\phi 10mm \times 10mm$ 瓷拉西环填料。

风机为旋涡风机，输入功率为 550W，转速为 2800r/min，风量为 95m³/h。

空气文丘里流量计的喉径为：$d_i = 6mm$。

二氧化碳在水中的亨利系数见表 6-1。

表 6-1　二氧化碳在水中的亨利系数（$E \times 10^5$）　　　　单位：kPa

气体	温度/℃											
	0	5	10	15	20	25	30	35	40	45	50	60
CO₂	0.738	0.888	1.05	1.24	1.44	1.66	1.88	2.12	2.36	2.60	2.87	3.46

五、实验操作步骤

1. 测量填料塔干填料层（$\Delta p/Z$）-u 关系曲线（只做解吸塔）

（1）实验前检查阀门，使所有阀门处于关闭状态。检查二氧化碳气瓶是否接好。

（2）向解吸液储槽内加入不少于 2/3 体积的清水。

（3）打开控制箱电源开关，开启触摸屏开关，待电脑启动进入桌面，启动实验软件，打开空气旁路调节阀 1 至全开，点击进入操作界面，启动风机。

（4）全开阀 3，逐渐调节阀门 12 的开度，调节进塔的空气流量。从小到大调节空气流量，测定 8～10 组填料层压降的数据。设定一个空气流量，稳定后读取填料层压降 PI03 的数值。

2. 测量填料塔湿填料层（$\Delta p/Z$）-u 关系曲线（只做解吸塔）

（1）风机不需要关闭，打开塔底排水阀 13，点击启动解吸泵，调节阀 11 将水流量设置在某适量大小。通过阀 12 调节空气流量。

（2）设定一个空气流量，稳定后读取填料层压降（PI03）、空气流量计的读数。从小到大调节空气流量，测定 8～10 组数据。如气量不够时可调小阀 1。操作中随时注意观察塔内现象。测完数据后逐渐增大气量直到出现液泛现象，立即记下对应空气流量计读数。

（3）再关闭阀 11、阀 12 和阀 13，关闭解吸泵。

3. 二氧化碳吸收传质系数测定

（1）点击吸收泵开关，启动吸收泵，打开阀 5、阀 10，通过阀 10 调节控制吸收液流量（FI04）。然后打开阀 4 控制进气量（FI02），调节气量时可适当关小阀 1。

（2）打开二氧化碳气瓶，调节减压阀，压力调节至 0.1MPa 左右，调节面板上二氧化碳流量计上的针形阀，控制二氧化碳进气量（FI01）。液体从吸收塔顶部进入，在塔内吸收二氧化碳气体后，经塔底进入解吸液储槽。在实验过程中吸收液水箱中水位不够时要及时往里补水。

（3）待系统稳定 5～10min，打开阀 7 对出塔液体进行取样，取样后关闭阀 7；在吸收液水箱内对液体进行取样。同时要记录气温、水温和流量数据。

（4）吸收实验完成后，关闭气瓶、二氧化碳流量计上的针形阀、阀 4 和阀 10，关闭吸收泵，打开阀 6，排尽吸收塔内液体，最后关闭阀 5 和阀 6。

（5）吸收实验之后，解吸液储槽内已有充足的二氧化碳水溶液。打开阀 12，通过调节阀 12 控制进气量（FI03）。打开塔底排水阀 13，点击启动解吸泵，打开阀 11，调节阀 11 控制吸收液流量（FI05），计量后输入解吸塔中，进行解吸。吸收液从解析塔顶部进入，在塔内释放二氧化碳气体后，经塔底进入吸收液储槽内。

（6）待系统稳定 5～10min，打开阀 14 对出塔液体进行取样，取样后关闭阀 14；同时在解吸液储槽内对液体进行取样。同时要记录气温、水温和流量数据。

（7）实验完成后，关闭阀 11 和阀 12，再关闭风机和解吸泵开关。实验完成后一般先停止水的流量再停止气体的流量，这样做的目的是防止液体从进气口倒流进入气体管路，破坏管路及仪器。

（8）最后，打开阀 14，排尽解吸塔内液体，关闭所有阀门。退出软件，关闭电脑，然后关闭电控箱面板的触摸屏开关和电源开关，切断实验电源。整理实验台和实验场地。

（9）二氧化碳含量测定：

用移液管吸取 $0.05mol/L$ 左右的 $Ba(OH)_2$ 溶液适量，放入碘量瓶中，并从塔顶或塔底样品中取适量加入碘量瓶中，然后盖好塞子振荡。溶液中加入 $2\sim3$ 滴酚酞指示剂摇匀，用 $0.1mol/L$ 左右的盐酸滴定到粉红色消失即为终点。

按下式计算得出溶液中二氧化碳浓度：

$$C_{CO_2} = \frac{2C_{Ba(OH)_2}V_{Ba(OH)_2} - C_{HCl}V_{HCl}}{2V_{溶液}}$$

六、实验注意事项

1. 开启二氧化碳钢瓶总阀门前，要先关闭减压阀。总阀门开启后缓慢打开减压阀，阀门开度不宜过大。

2. 实验中要注意保持吸收塔水流量计和解吸塔水流量计数值一致，并随时关注水箱中的液位。

3. 分析 CO_2 浓度操作时要迅速，以免 CO_2 从液体中逸出导致结果不准确。

4. 实验过程中，吸收塔和解吸塔底部进气区域积水过多时应打开阀 17 和阀 18 排走液体。

七、思考题

1. 测定填料塔的 $(\Delta p/Z)$-u 关系曲线有何实际意义？

2. 为什么 CO_2 吸收过程属于液膜控制？

3. 为什么本实验中填料塔底要有液封？

4. 试分析影响传质系数的因素。

吸收与解吸
实验装置

实验八　干燥实验

一、实验目的

1. 了解干燥设备的基本结构、干燥流程、工作原理。

2. 掌握在恒定干燥条件下物料的干燥曲线和干燥速率曲线的测定方法。

3. 加深对物料临界含水量 X_C 概念及影响因素的理解。

二、实验内容

测定干燥曲线和干燥速率曲线。

三、实验原理

当湿物料与干燥介质相接触时，物料表面的水分开始气化，并向周围干燥介质传递。

根据干燥过程中不同时期的特点，干燥过程分为两个阶段。

第一阶段为恒速干燥阶段。在过程开始时，由于整个物料的湿含量较大，其内部的水分能迅速到达物料表面，确保物料表面充分润湿，其过程与湿球温度计的湿面纱表面的状况类似。因此，干燥速率为物料表面上水分的气化速率所控制，故此阶段也称为表面气化控制阶段。在此阶段，干燥介质传给物料的热量全部用于水分的气化，物料表面的温度维持恒定（等于热空气湿球温度），物料表面处的水蒸气分压也维持恒定，故干燥速率恒定不变。

第二阶段为降速干燥阶段，当物料被干燥达到临界湿含量后，便进入降速阶段。此时，随物料中所含水分减少，水分自物料内部向表面传递的速率低于物料表面水分的气化速率，干燥速率为水分在物料内部的传递速率所控制，故此阶段亦称为内部迁移控制阶段。随着湿含量逐渐减少，物料内部水分的迁移速率也逐渐减小，故干燥速率不断下降。

恒速阶段的干燥速率和临界含水量的影响因素主要有：固体物料的种类和性质，固体物料层的厚度或颗粒大小，空气的温度、湿度和流速，空气与固体物料间的相对运动方式。

恒速阶段的干燥速率和临界含水量是干燥过程研究和干燥器设计的重要数据，本实验在恒定干燥条件下对浸透水的毛毡进行干燥，测定干燥曲线和干燥速率曲线，目的是掌握恒速阶段干燥速率和临界含水量的测定方法及其影响因素。

1. 干燥曲线

干燥曲线即物料的干基含水量 X 与干燥时间 τ 的关系曲线，反映了物料在干燥过程中干基含水量随干燥时间的变化关系。

物料的干基含水量：

$$X_n = \frac{G_n' - G_{C'}}{G_{C'}} \tag{6-39}$$

式中　X_n——物料干基含水量，kg 水/kg 绝干物料；

　　　G_n'——第 n 次测量的固体湿物料质量，kg；

　　　$G_{C'}$——绝干物料量，kg。

2. 干燥速率曲线

干燥速率曲线是干燥速率 U 与干基含水量 X 的关系曲线。干燥速率曲线只能通过实验测得，因为干燥速率不仅取决于空气的性质和操作条件，而且受物料性质、结构以及含水分性质的影响。

$$U_n = \frac{\mathrm{d}W'}{S\mathrm{d}\tau} \approx \frac{\Delta W'}{S\Delta\tau} = \frac{G_{n-1}' - G_n'}{S(\tau_n - \tau_{n-1})} \tag{6-40}$$

式中　U_n——干燥速率，kg/(m^2·h)；

　　　S——干燥面积（实验室现场提供），m^2；

　　　$\Delta\tau$——时间间隔，s；

　　$\Delta W'$——$\Delta\tau$ 时间间隔内干燥气化的水分量，kg；

　　　G_n'——第 n 次测量的固体湿物料质量，kg；

　　　τ_n——第 n 次测量的固体湿物料质量 G_n' 的时间，s。

四、实验装置图

实验装置如图 6-14 所示。

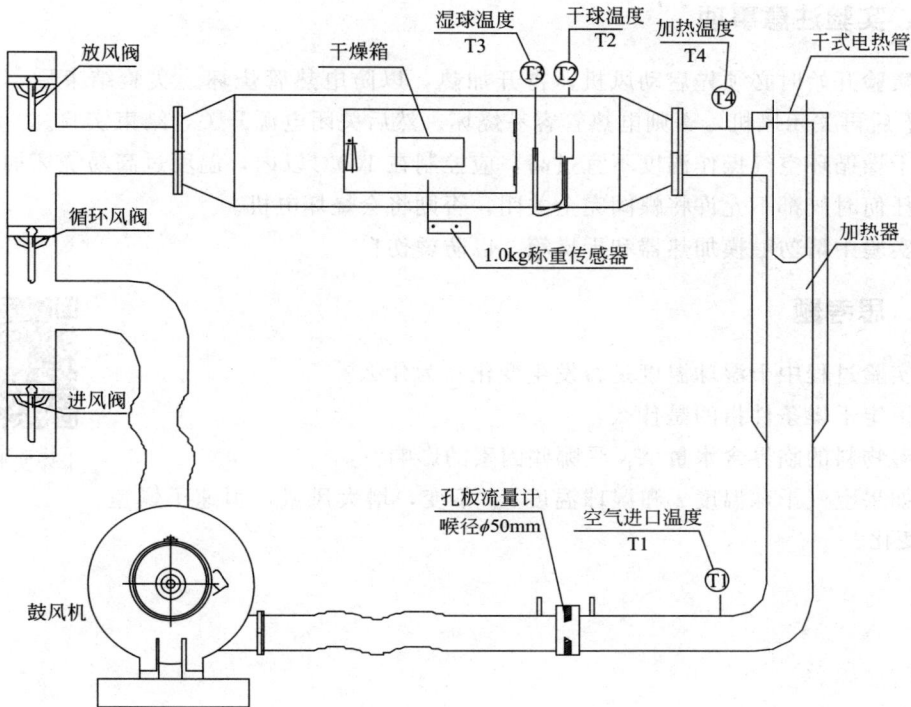

图 6-14　干燥实验装置

五、实验操作步骤

（1）实验前准备工作。将毛毡放入水中浸湿。向湿球温度计的附加蓄水池内补充适量的水，使池内水面上升至适当位置。

（2）打开控制箱电源开关，开启触摸屏开关，待电脑启动进入桌面，启动实验软件，调节送风机吸入口的进风阀到全开的位置，然后在操作界面中点击风机频率输入 30～50Hz，再点击风机开关启动风机，用循环风阀和放风阀调节风量。

（3）在操作界面中启动加热开关，将加热温度设定为 70～90℃。在空气温度、流量稳定后，点击操作界面中的清零按钮。打开干燥室舱门将湿毛毡小心地放置于支架内。放置毛毡时应特别注意不能用力下压，用力过大容易损坏称重传感器。然后关闭舱门。

（4）采集数据，干燥时每隔 2min 采集一次数据，直至干燥物料的重量不再明显减轻为止，保存数据。也可以采用等重量间隔记录数据，即毛毡重量每减少 1g 采集数据一次，直至毛毡重量无明显减轻，终止实验，保存数据。

（5）可以调节风机频率改变空气流量或改变空气加热温度，重复上述实验步骤并记录相关数据。得到不同干球温度、不同风量下的干燥曲线和干燥速率曲线。

（6）关闭加热开关，待干球温度降至 35℃ 以下，再关闭风机开关，然后小心地取下毛毡，注意保护称重传感器。

（7）退出软件，关闭电脑，然后关闭电控箱面板的触摸屏开关和电源开关，切断实验电源。整理实验台。

六、实验注意事项

1. 实验开始时必须先启动风机，再开加热，以防电热管烧坏。实验结束后，必须待温度降下后再关闭风机，否则电热管容易烧坏。然后关闭电源开关，结束实验。

2. 干燥循环空气操作温度不宜过高，应控制在 100℃ 以内，温度过高易烧坏加热管。

3. 任何时候都不允许将蝶阀完全关闭，否则将会烧坏电机。

4. 实验中请勿触摸加热器和干燥箱，以防烫伤！

七、思考题

1. 实验过程中干湿球温度是否发生变化？为什么？

2. 恒定干燥条件指的是什么？

3. 湿物料的临界含水量 X_C 受哪些因素的影响？

4. 如果空气干球温度 t 和湿球温度 t_W 不变，增大风量，恒速干燥速率如何变化？

干燥实验装置

第7章

化工原理演示实验

实验一　雷诺演示实验

一、实验目的

1. 通过雷诺演示实验感性认识层流、过渡流、湍流流型。
2. 观察层流流动时管路中流体的流速分布。
3. 测定出不同流动类型对应的雷诺数。
4. 理解雷诺数的物理意义及其在流体流动研究中的应用。

二、实验内容

1. 通过控制水的流量，观察管内红线的流动形态来理解层流、过渡流、湍流流型。
2. 观察层流流动时管路中流体的流速分布。
3. 记录不同流动形态下的流体流量值，计算出相应的雷诺数。

三、实验原理

1. 流体流动类型的观察

雷诺（Reynolds）在 1883 年首先发现流体流动有不同类型，流体流动过程中有两种不同的典型流动类型：层流和湍流。流体作层流流动时，其流体质点作平行于管轴方向的直线运动，且在径向无脉动；流体作湍流流动时，其流体质点除了沿管轴方向作向前运动外，还在径向作脉动，从而在宏观上显示出紊乱地向各个方向作不规则的运动。雷诺改变管道直径和流体的种类及流速进行实验，发现流速 u、管道直径 d、流体的黏度 μ 和密度

ρ 的改变都能改变流体流动的类型。经过进一步分析，把影响流体流态的各因素组合成一个无量纲数群，命名为雷诺数 Re，以此来判断流体流动的类型。

$$Re = \frac{du\rho}{\mu} \tag{7-1}$$

式中　d——管道内径，m；

　　　u——流体流速，m/s；

　　　ρ——流体密度，kg/m^3；

　　　μ——流体黏度，Pa·s。

实验证明，当 $Re < 2000$ 时，流体的流动类型属于层流（或滞流）；当 $Re > 4000$ 时，流体的流动类型属于湍流（或紊流）；当 $2000 < Re < 4000$ 时，流体的流动类型可能是层流，也可能是湍流，通常称为过渡流。该状态下的流体在受到外界条件影响后（如管路直径或方向的改变，受外力后的轻微振动等），极易改变流动的类型。

由式(7-1)可见，对于一定温度的流体，在特定的圆管内流动，雷诺数仅与流体流速有关。本实验通过改变流体在管内的速度，观察在不同雷诺数下流体的流动形态。

2. 层流时速度分布的观察

观察实验时，用阀门调节流量，使管内水处于层流状态，用脉冲法打开有色液体阀门，观察有色液体形态，可见有色液体轨迹为抛物线形。

四、实验装置图

实验装置主要是由高位水箱、实验管、试剂盒、PVC 管路、阀门和台架等组成（图 7-1）。

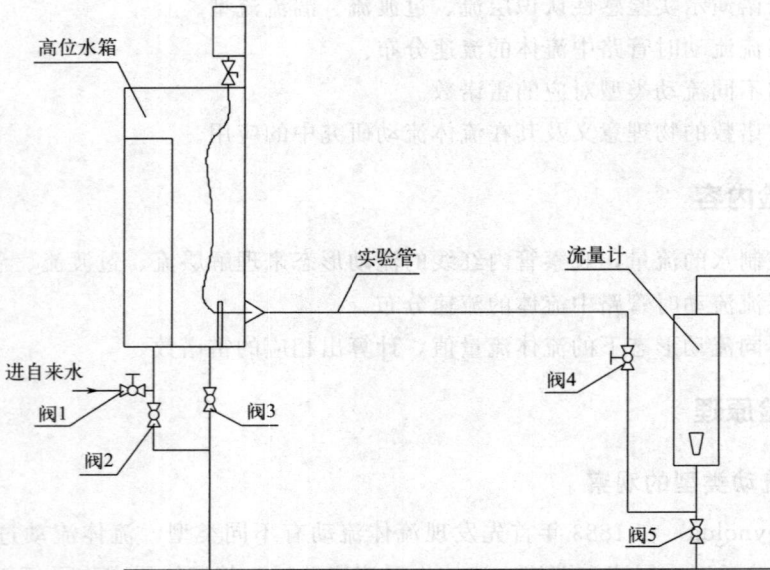

图 7-1　雷诺演示实验装置

实验管：内径 21mm、长 1000mm 的透明有机玻璃管，便于学生观察玻璃管内详细的实验经过及现象。本实验主要通过调节水量控制阀来改变流体流经管的流速并观察指示液随流速改变的流动形态。

试剂盒：容积大于 100mL。指示液为红墨水或其他颜色鲜艳的液体。通过指示液控制阀由尖嘴流入实验管中。

高位水箱：透明有机玻璃，有效容积大于 45L。溢流口是为了保证水箱内的水维持溢流稳定状态。出水口是为了方便清洗水箱。

流量计：25～250L/h。

五、实验操作步骤

（1）熟悉实验装置，关闭所有阀门。

（2）将指示液倒入试剂盒中，打开试剂盒底下阀门，使指示液沿管道往下流，直至从针管流出后，关闭阀门。

（3）接通自来水管，打开阀 1 供水，使高位水箱充水，维持尽可能小的溢流量，打开管道调节阀 4 排走管道中的气体。

（4）调节阀 4，使流量计流量在 60L/h 以内，缓慢且适量地打开红墨水流量调节阀（以指示液呈不间断细流排出为宜），即可看到在当前流量下实验管道内水的流动状况，层流流动如图 7-2 所示。用转子流量计可测得水的流量并计算出雷诺数。进水和溢流造成的震动有时会使实验管道中的红墨水流束偏离管道的中心线或发生不同程度的摆动，此时可暂时关闭进水阀 1，稍后即可看到红墨水流束重新回到实验管道的中心线。

（5）逐步增大进水阀 1 和流量调节阀 4 的开度，在维持尽可能小的溢流量的情况下增大实验管道中的水流量，观察实验管道内水的流动状况，过渡流、湍流流动如图 7-3 所示。同时，记录流量计读数并计算出雷诺数。

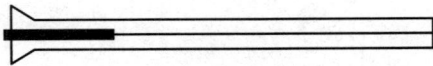

图 7-2　层流流动示意图

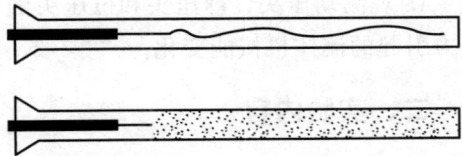

图 7-3　过渡流、湍流流动示意图

（6）首先将进口阀 1 打开，关闭流量调节阀 4。然后打开红墨水流量调节阀，使少量红墨水流入实验管道入口端。最后突然打开流量调节阀 4，在实验管道中可以清晰地看到红墨水流动所形成的如图 7-4 所示的速度分布。

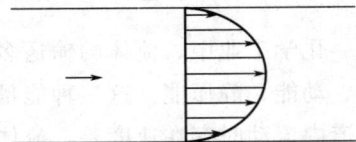

（7）实验结束，将高位水箱和实验管道中液体排尽，试剂盒中指示液排尽后需用清水洗涤，防止残液将尖嘴堵死。

图 7-4　流速分布示意图

（8）注意实验一段时间后须清洗水箱，避免污物过多，流量计测量误差加大。

六、实验注意事项

1. 在测定层流现象时，指示液的流速必须小于或等于观察管内的流速。若大于观察管内的流速则无法看到一条直线，而是和湍流一样的浑浊现象。

2. 注意在实验台周围不得有外加干扰。实验者调节好后手不应该接触设备，避免产生不正常的实验现象。

七、思考题

1. 层流、湍流两种流体流型的外观表现是什么形态？
2. 影响流体流动形态的因素有哪些？
3. 如何计算某一流量下的雷诺数？用雷诺数判别流型的标准是什么？
4. 雷诺数在实际生产生活中的实际体现以及意义是什么？

雷诺实验装置

实验二　伯努利方程演示实验

一、实验目的

1. 研究流体在管内流动时静压能、动能、位能之间的相互转换，在此基础上理解伯努利方程。

2. 观测动压头、静压头和位压头随管径、位置、流量的变化情况，加深对连续性方程和伯努利方程的理解。

3. 观测流体经过扩大、收缩管段时，前后截面上静压头的变化过程，感性认识流体流速与管径的关系。

4. 观测动压头、静压头和位压头随管径、位置、流量的变化情况，理解流动时流动阻力引起的流体机械能变化。

二、实验内容

观察并记录在不同流量下，各测压点的液位差变化情况。

三、实验原理

化学工业中，流体的输送多在密闭的管道中进行。流体在流动时具有三种机械能：位能、动能、静压能。这三种能量是可以相互转化的。实际流体具有黏性这一物理性质，在管道内流动时存在速度差，流体内部存在相对运动，即流体内部的摩擦，因此流动过程中会有一部分机械能因摩擦和碰撞而转化为热能。转化为热能的机械能在管路中是不可逆的，因此，对实际流体来说，两个截面上的机械能总和是不相等的。

动能、位能、静压能三种机械能都可以用液柱高度来表示，分别称为位压头 H_z、动压头 H_c 和静压头 H_p，任意两个截面间位压头、动压头、静压头三者总和之差即为压头损失 H_f 与外加压头之和。

1. 流体稳定流动时的物料衡算——连续性方程

根据质量守恒定律，对于在管内稳定流动的流体，单位时间内其流经管路任一截面的

质量均相等，即

$$w_{s,1} = w_{s,2} \text{ 或 } u_1 A_1 \rho_1 = u_2 A_2 \rho_2 \tag{7-2}$$

对于不可压缩流体，$\rho_1 = \rho_2 = \cdots = $ 常数，则式(7-2) 变为

$$u_1 A_1 = u_2 A_2 \tag{7-3}$$

对于稳定流动的不可压缩流体，流体流速与流道截面积成反比，即面积越大，流速越小；反之，面积越小，流速越大。

对于圆形管路，$A = \frac{\pi}{4} d^2$，则式(7-3) 可转化为

$$u_1 / u_2 = (d_2 / d_1)^2 \tag{7-4}$$

式(7-4) 显示，在稳定流动的不可压缩流体系统中，流体的流速与对应管路的直径平方成反比，管路越细，流速越大。

式中　d——管径，m；

　　　A——流道截面积，m^2；

　　　u——流速，m/s；

　　　ρ——流体的密度，kg/m^3；

　　　w_s——质量流量，kg/s。

2. 流体稳定流动时的机械能衡算——伯努利方程

不可压缩流体在管路内稳定流动时，其机械能衡算方程——伯努利方程为：

$$gz_1 + \frac{1}{2}u_1^2 + \frac{p_1}{\rho} + We = gz_2 + \frac{1}{2}u_2^2 + \frac{p_2}{\rho} + \sum h_f \tag{7-5}$$

对于理想的不可压缩流体，若此时又无外加功加入，则式(7-5) 变为

$$gz_1 + \frac{1}{2}u_1^2 + \frac{p_1}{\rho} = gz_2 + \frac{1}{2}u_2^2 + \frac{p_2}{\rho} \tag{7-6}$$

式(7-6) 为理想流体的伯努利方程。该式表明，若无外加功加入，理想流体在流动过程中，在同一管路的任何两个截面上，尽管三种机械能彼此不一定相等，但是总机械能保持不变，而三种机械能间可相互转化。

如果流体是静止的，则 $u = 0$，$We = 0$，$\sum h_f = 0$，于是式(7-6) 变为

$$gz_1 + \frac{p_1}{\rho} = gz_2 + \frac{p_2}{\rho} \tag{7-7}$$

式(7-7) 即为流体静力学方程，可见流体静止状态是流体流动的一种特殊形式。

式中　z——管道截面基于某水平面的垂直高度，m；

　　　p_1——管道截面静压强，Pa；

$\sum h_f$——单位质量流体的直管阻力损失，J/kg；

　　　u——流速，m/s；

　　　ρ——流体的密度，kg/m^3。

四、实验装置图

实验装置如图 7-5 所示。

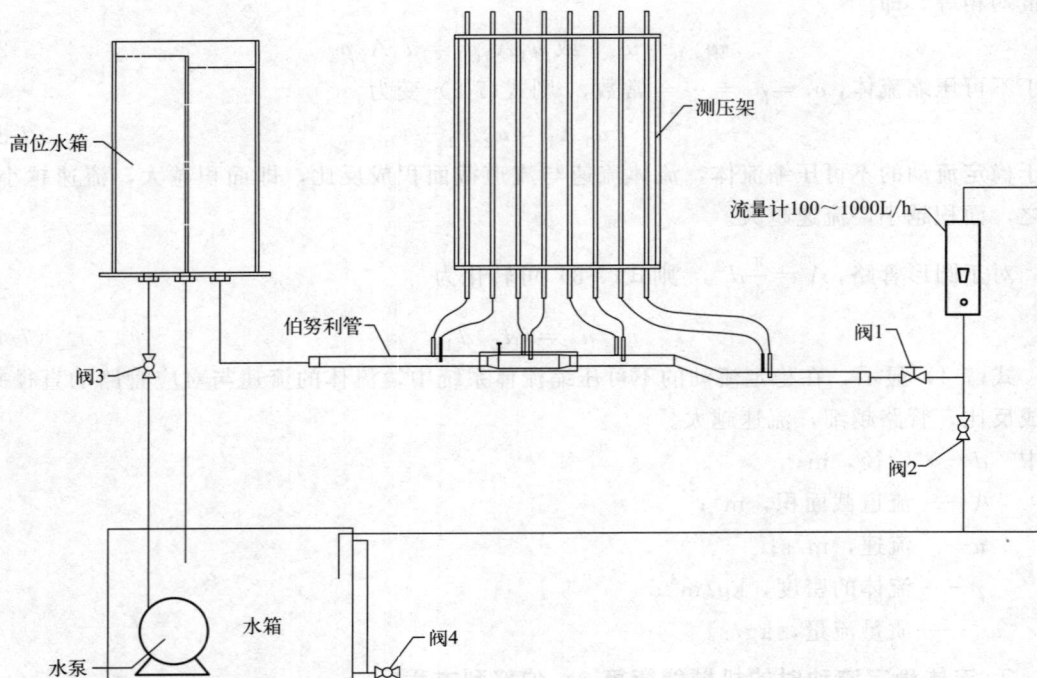

图 7-5 伯努利方程演示实验装置

有机玻璃实验直导管外径 $D=20\sim40\text{mm}$，内径 $=15\sim30\text{mm}$。

有机玻璃实验逐渐增大和逐渐缩小导管外径 $D=20\sim40\text{mm}$。

水泵：输入功率 100W。

液体流量计：100～1000L/h。

五、实验操作步骤

（1）熟悉实验设备，分清各测压管与各测压点的对应关系。

（2）实验前关闭所有阀门，将水箱加满水。

（3）打开阀3，打开电源开关开启水泵，向高位水箱内注水，水满后自动溢流。

（4）全开阀1，将水流量调至最大，用洗耳球在测压管的顶部向管内吹气，排尽连接管内的气泡。打开突扩管顶部的排气嘴排气。如流量计内有空气可打开阀2放水排气。

（5）调节阀1，观察并记录在不同流量下，各测压点的液位差变化情况。

（6）实验完成后，关闭水泵，打开阀门排尽伯努利管及各水箱的水。

六、实验注意事项

1. 不要将离心泵出口流量调节阀开得过大，以免水从高位水箱中冲出和导致高位水箱液面不稳定。

2. 流量调节阀须缓慢地关小，以免造成流量突然下降，使测压管中的水溢出。

3. 必须排出实验管路和测压管内的气泡。

七、思考题

1. 流体在管道中流动时涉及哪些能量？

2. 测压孔正对水流方向时，测压管液位高度的物理意义是什么？

3. 同直径水平直管的能量损失以何种形式表现？如何测定？流量对其有何影响？

4. 测压孔由正对水流方向转至垂直水流方向，为何测压管内水位下降？下降高度代表什么？粗细管处下降液位是否相同？为什么？

伯努利方程
实验装置

实验三　非均相分离演示实验

一、实验目的

1. 演示含有不同直径固体颗粒的气体经过重力沉降器、旋风分离器及布袋除尘器的气固分离现象，了解气固分离设备的结构、特点和工作原理。

2. 认识到出灰口和集尘室良好密封的必要性。

3. 观察进口气速对旋风分离器分离性能的影响，理解适宜操作气速的计算方法。

4. 观察通过沉降室气速对沉降室分离性能的影响，理解其原因。

二、实验内容

1. 观察在一定气体流量下，不同直径固体颗粒的气固分离情况。

2. 观察在不同气体流量下，不同直径固体颗粒的气固分离情况。

3. 观察出灰口和集尘室密封性对旋风分离器分离的影响。

三、实验原理

1. 重力沉降器的除尘原理

重力除尘是指含尘气体突然降低流速和改变流向，颗粒较大的灰尘在惯性力重力的作用下与气体分离，沉降到除尘器的锥底部分，属于粗除尘。

重力沉降的过程是含尘气体沿水平方向进入重力沉降设备，在重力的作用下，粉尘粒子逐渐沉降下来，而气体沿水平方向继续前进，从而达到除尘的目的，同时可对颗粒进行初步的粒径分级。

在重力除尘设备中，气体流动的速度越低，越有利于沉降粒径小的颗粒，提高除尘效率，因此，一般控制气体以滞流流动通过重力沉降器。倘若速度太低，设备相对庞大，投资费用较高，也是不可取的。在气体流速基本固定的情况下，重力沉降器设计得越长，越有利于提高除尘效率。

2. 旋风分离器的工作原理

含尘气体由旋风分离器圆筒部分的进气管沿切线方向进入，受器壁的约束而作向下的螺旋运动。气体和颗粒同时受到惯性离心力作用，因颗粒的密度远大于气体的密度，所以颗粒所受到的惯性离心力远大于气体。在这个惯性离心力的作用下，颗粒在作向下螺旋运动的同时也作向外的径向运动，其结果是颗粒被甩向器壁，然后在惯性和重力作用下沿器壁向下掉落，最后落入锥底的排灰口内。在到达旋风分离器的圆锥部分时，在惯性作用下，被净化了的气体改为以中心轴附近的空间为范围做上行螺旋运动，最后由分离器顶部的排气管排出。下行螺旋在外，上行螺旋在内。

3. 布袋除尘器的工作原理

含尘气体从风口进入灰斗后，气流折转向上涌入箱体，通过内部装有金属骨架的滤袋时，颗粒被阻留在滤袋的表面。净化后的气体进入滤袋上部的清洁室汇集到出风管排出。

四、实验装置图

本设备主要由重力沉降器、旋风分离器、布袋除尘器三个分离设备串联组成。

本设备采用的物系，是由不同粒径的硅胶颗粒和空气所组成的非均相物系，空气由风机提供，经调节阀和孔板流量计，由颗粒加料器加入适量的固体颗粒后，依次流经重力沉降器、旋风分离器、布袋除尘器后尾气最后排空。

如图 7-6 所示，本实验装置主要是由风机、通风管、重力沉降器、旋风分离器、布袋除尘器、孔板流量计、颗粒加料器、U 形压差计、阀门和不锈钢框架等组成。

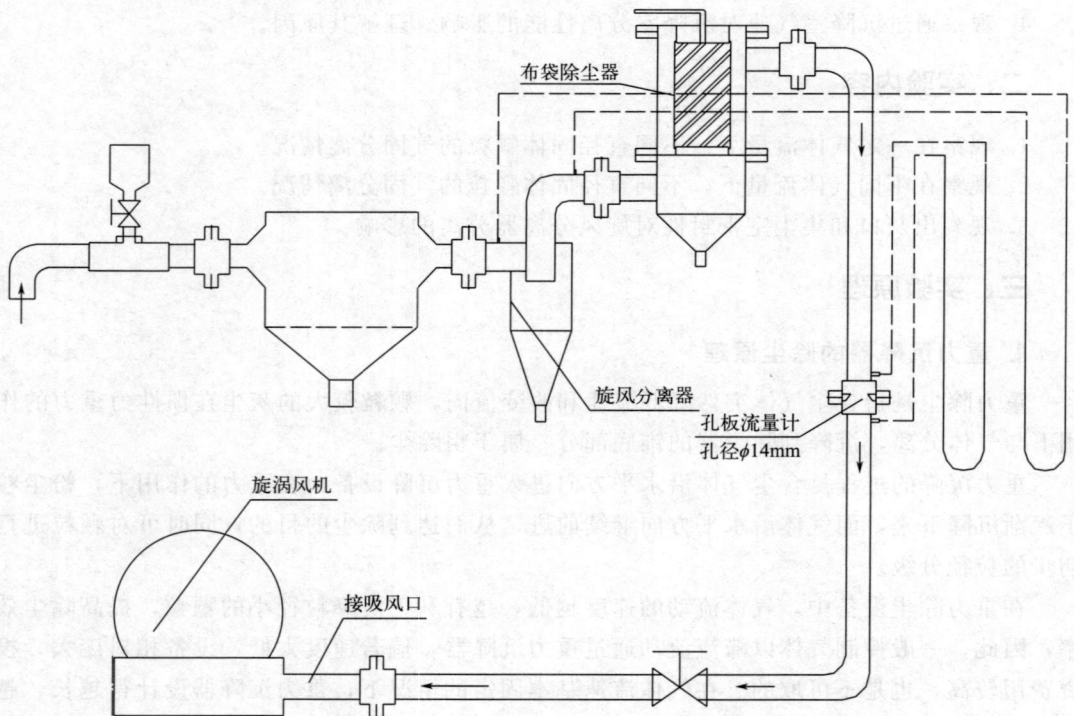

图 7-6 非均相分离演示实验装置

重力沉降器外形尺寸：200mm×200mm×150mm，材质为透明有机玻璃。

旋风分离器（离心沉降）：筒体直径为 80mm，进气管直径为 32mm，材质为透明有机玻璃。

布袋除尘器（过滤）外形尺寸：$\phi150mm \times 350mm$，材质为外壳透明有机玻璃，布质滤袋。

孔板流量计：孔板喉径 14mm，流量系数 0.65，材质为透明有机玻璃。

U 形压差计：测量量程为 0~800mm。

风机功率：370W；风量：60m³/h；风压：12kPa。

五、实验操作步骤

（1）将不同粒径的颗粒分别称重，混合后加入加料器内。

（2）检查空气阀门关闭后打开风机开关，缓慢开启空气阀门，空气达到一定流量后打开加料器调节阀缓缓投料，使颗粒料与空气构成非均相物系。观察各种分离器的分离现象。

（3）从不同分离器下方收集到的颗粒粒度数量（由颜色或颗粒大小区别）可明显地看到重力沉降器分离的颗粒最大，旋风分离器（离心沉降）次之，布袋除尘器为最小。

（4）上面的演示说明旋转运动能增大尘粒的沉降力，旋风分离器的旋转运动是靠切向进口和容器壁的作用产生的。若演示所用的煤粉粒径较大，由于惯性力的影响和截面积变大引起的速度变化，这些大煤粉颗粒会沉降下来，仅有小颗粒煤粉无法沉降而被带走。这种现象说明，大颗粒是容易沉降的，所以工业上为了减少旋风分离器的磨损，先用其他更简单的方法将它预先除去。

（5）实验完成后，关闭空气阀门，然后关闭电源开关。将各个分离器下面灰斗中的颗粒取出称重。

六、实验注意事项

1. 风机开车或停车时，要先将流量调节阀置于全开状态，然后接通或切断风机的电源。

2. 旋风分离器的排灰管与集尘室的连接要严密，以免因内部呈负压漏入空气而使已分离下来的尘粒被吹起重新带走。

3. 实验时，若气体流量足够小，且固体颗粒比较潮湿，会产生固体颗粒沿着向下螺旋运动的轨迹黏附在器壁上的现象。可加大进气流量，利用从含尘气体中分离出来的高速旋转的颗粒将黏附在器壁上的颗粒冲刷掉。

七、思考题

1. 离心沉降与重力沉降有何异同？

2. 评价旋风分离器的主要指标是什么？影响其性能的因素有哪些？

3. 重力沉降器的生产能力与哪些因素有关？并作出合理的解释。

实验四　板式塔流体力学演示实验

一、实验目的

1. 了解塔设备的基本结构和塔板（泡罩塔板、浮阀塔板、有降液管的筛孔板和无降液管的筛孔板）的基本结构。

2. 观察气、液两相在不同类型塔板上的流动与接触状况，掌握塔板流体力学的一般规律。

3. 观察正常操作以及雾沫夹带和漏液等流体力学现象，增加对板式塔操作的感性认识。

二、实验内容

1. 了解板式塔设备的基本结构和塔板的基本结构。

2. 改变操作条件，观察气、液两相在不同类型塔板上的流动与接触状况。

3. 改变操作条件，观察正常操作以及雾沫夹带和漏液等流体力学现象。

三、实验原理

板式塔是一种应用广泛的气液两相接触并进行传热、传质的塔设备，可用于吸收（解吸）、精馏和萃取等化工单元操作。与填料塔不同，板式塔属于分段接触式气液传质设备，塔板上气液接触良好与否和塔板结构及气液两相相对流动情况有关，后者即是本实验研究的流体力学性能。

1. 塔板的组成

各种塔板板面大致可分为三个区域，即溢流区、鼓泡区和无效区（图 7-7）。

降液管所占的部分称为溢流区。降液管除使液体下流外，还须使泡沫中的气体在降液管中得到分离，不至于使气泡带入下一塔板而影响传质效率。因此液体在降液管中应有足够的停留时间使气体得以解脱，一般要求停留时间大于 3～5s。一般溢流区所占总面积不超过塔板总面积的 25%，对于液量很大的情况，可超过此值。

塔板开孔部分称为鼓泡区，即气液两相传质的场所，也是区别各种不同塔板的依据。

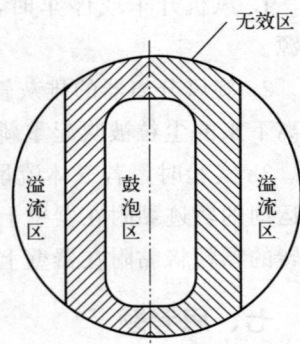

图 7-7　塔板板面

如图 7-7 所示阴影部分则为无效区，因为在进口处液体容易自板上孔中漏下，故设一传质无效的不开孔区，称为进口安定区。而在出口处，由于进降液管的泡沫较多，也应设定不开孔区来破除一部分泡沫，又称破沫区。

2. 常用塔板类型

泡罩塔：这是最早应用于生产上的塔板之一，因其操作性能稳定，故一直到 20 世纪 40 年代还在板式塔中占绝对优势。后来逐渐被其他塔板代替，但至今仍占有一定地位，泡罩塔特别适用于容易堵塞的物系。

泡罩塔板见图 7-8(a)。塔板上装有许多升气管，每根升气管上覆盖着一只泡罩（多为圆形，也可以是条形或其他形状）。泡罩下边缘或开齿缝或不开齿缝，操作时气体从升气管上升再经泡罩塔与升气管的环隙，然后从泡罩下边缘或经齿缝排出进入液层。

泡罩塔板操作稳定，传质效率（对塔板而言称为塔板效率）也较高。但有不少缺点：结构复杂、造价高、塔板阻力大。液体通过塔板的液面落差较大，因而易使气流分布不均造成气液接触不良。

筛板塔：筛板塔也是最早出现的塔板之一。从图 7-8(b)可知，筛板就是在板上打很多筛孔，操作时气体直接穿过筛孔进入液层。这种塔板早期一直被认为很难操作，只要气流发生波动，液体就不从降液管下来，而是从筛孔中大量漏下，于是操作也就被破坏。直到 1949 年以后才又对筛板进行试验，掌握了规律，发现能稳定操作。目前它在国内外已大量应用，特别在美国，其比例大于下面介绍的浮阀塔板。

筛板塔的优点是构造简单、造价低，此外也能稳定操作，板效率也较高。缺点是小孔易堵（近年来发展了大孔径筛板，以适应大塔径、易堵塞物料的需要），操作弹性和板效率比浮阀塔板略差。

浮阀塔：这种塔板见图 7-8(c)，是在 20 世纪 40～50 年代才发展起来的，现在使用很广。在国内，浮阀塔的应用占有重要地位，普遍获得好评。其特点是当气流在较大范围内波动时均能稳定地操作，弹性大，效率好，适应性强。

浮阀塔结构特点是将浮阀装在塔板上的孔中，能自由地上下浮动，随气速的不同，浮阀打开的程度也不同。

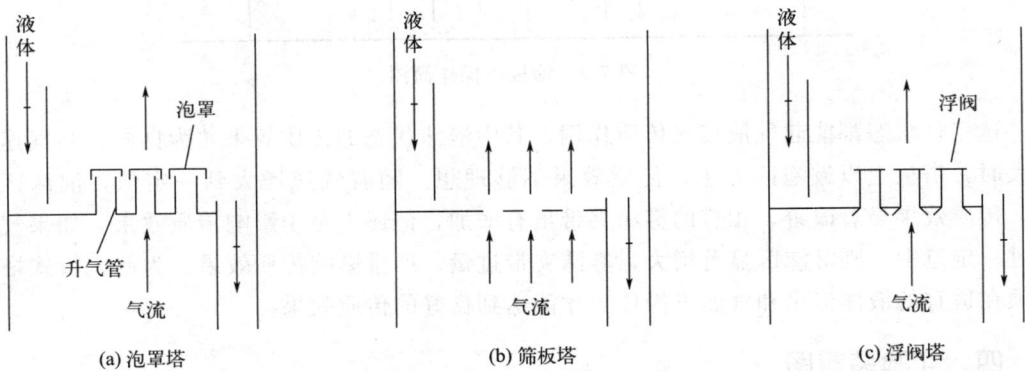

图 7-8　常用塔板示意图

3. 板式塔的操作

塔板的操作上限与操作下限之比称为操作弹性（即最大气量与最小气量之比或最大液量与最小液量之比）。操作弹性是塔板的一个重要特性。操作弹性大，则该塔稳定操作范围大，这是我们所希望的。

为了使塔板在稳定范围内操作，必须了解板式塔的几个极限操作状态。在本演示实验中，主要观察研究各塔板的漏液点和液泛点，也即塔板的操作上、下限。

漏液点：可以设想，在一定液量下，当气速不够大时，塔板上的液体会有一部分从筛孔漏下，这样就会降低塔板的传质效率。因此一般要求塔板应在不漏液的情况下操作。漏液点是指刚使液体不从塔板上泄漏时的气速，此气速也称为最小气速。

液泛点：当气速大到一定程度，液体就不再从降液管下流，而是从下塔板上升，这就是板式塔的液泛。液泛速度也就是达到液泛时的气速。

现以筛板塔为例来说明板式塔的操作原理。如图 7-9 中的区域 3，上一层塔板上的液体由降液管流至塔板上，并经过板上由另一降液管流至下一层塔板上。而下一层板上升的气体（或蒸气）经塔板上的筛孔，以鼓泡的形式穿过塔板上的液体层，并在此进行气液接触传质。离开液层的气体继续升至上一层塔板，再次进行气液接触传质。由此经过若干层塔板，由塔板结构和气液两相流量而定。在塔板结构和液量已定的情况下，鼓泡层高度随气速而变。通常在塔板以上形成三种不同状态的区间，靠近塔板的液层底部属鼓泡区，如图 7-9 中的 1；在液层表面属泡沫区，如图 7-9 中的 2；在液层上方空间属雾沫区，如图 7-9 中的 3。

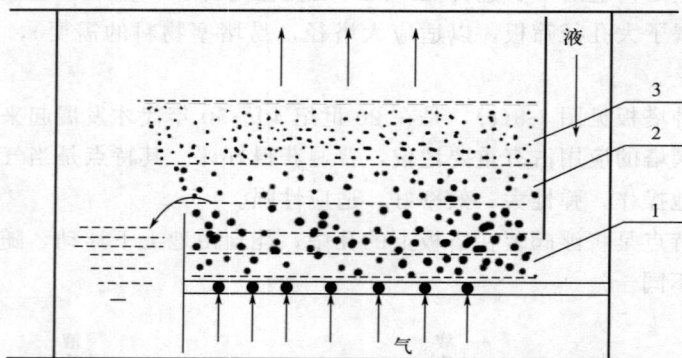

图 7-9　筛板塔操作简图

这三种状态都能起气液接触传质作用，其中泡沫状态的传质效果尤为良好。当气速不很大时，塔板上以鼓泡区为主，传质效果不够理想。随着气速增大到一定值，泡沫区增加，传质效果显著改善，相应的雾沫夹带虽有增加，但还不至于影响传质效果。如果气速超过一定范围，则雾沫区显著增大，雾沫夹带过量，严重影响传质效果。为此，板式塔中必须在适宜的液体流量和气速下操作，才能达到良好的传质效果。

四、实验装置图

本装置主体由直径 200mm、板间距 300mm 的四个有机玻璃塔节与两个封头组成的塔体，配以风机、水泵和气、液转子流量计及相应的管线、阀门等部件构成。塔体内由上而下安装 4 块塔板，分别为泡罩塔板、浮阀塔板、有降液管的筛孔板和无降液管的筛孔板，降液管均为内径 25mm 的有机圆柱管。装置示意如图 7-10。

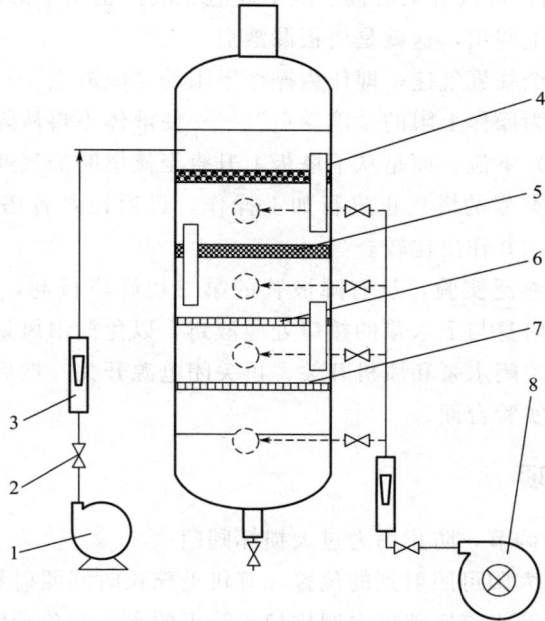

图 7-10　塔板流体力学演示实验装置

1—增压水泵；2—调节阀；3—转子流量计；4—泡罩塔板；5—浮阀塔板；

6—有降液管筛孔板；7—无降液管筛孔板；8—风机

五、实验操作步骤

（1）实验时，采用固定的水流量（不同塔板结构流量有所不同），改变不同的气速，演示各种气速的实验状况。

（2）关闭所有阀门，然后将自来水管道连接到冷水箱浮球阀上，打开阀门往里注水，注意观察液位计。下面以有降液管的筛孔板（即自下而上第二块塔板）为例，介绍该塔板流体力学性质演示操作。

（3）打开水泵旁通阀至半开状态，打开水泵出口调节阀，开启水泵开关给系统供水。观察液流从塔顶流出的速度，通过水转子流量计调节液流量至转子流量计显示适中的位置，并保持稳定流动。

（4）打开风机出口阀，打开无降液管的筛孔板下对应的气流进口阀，开启风机电源开关。通过空气转子流量计自小而大调节气流量，观察塔板上气液接触的几个不同阶段，即由漏液至鼓泡、泡沫和雾沫夹带到最后淹塔。

① 调节阀门至流量最大值：这种情况气速达到最大值，可看到泡沫层很高，并有大量液滴从泡沫层上方往下冲，这就是雾沫夹带现象。这种现象表示实际气速超过设计气速。

② 逐步关小气阀：这时飞溅的液滴在减少，泡沫层高度适中，气泡均匀，表示实际气速符合设计值，这是各类型塔正常的运行状况。

③ 再进一步关小气阀：当气速小于设计气速时，泡沫层明显减少，因为鼓泡少，气、液两相接触面积大大减少，这是各类型塔不正常的运行状况。

④ 再慢慢关小气阀：可以看见塔板上既不鼓泡、液体也不下漏的现象，再关小气阀，则可以看见液体从塔板上漏出，这就是塔板漏液点。

（5）观察实验的两个临界气速，即作为操作下限的"漏液点"——刚使液体不从塔板上泄漏时的气速，和作为操作上限的"液泛点"——使液体不再从降液管（对于无降液管的筛孔板，是指不降液）下流，而是从下塔板上升直至淹塔时的气速。

（6）对于其余两种类型的塔板也进行如上操作，最后记录各塔板的气液两相流动参数，计算塔板操作弹性，并作出比较。

（7）也可进行全塔液泛实验，从有降液管的第二块筛塔板起，可观察全塔液泛的状况。实验过程中，注意塔身与下水箱的接口处应液封，以免漏出风量。

（8）实验完成后，关闭水泵和风机开关，再关闭电源开关。然后打开水箱底部排空阀排掉水箱里的水。整理实验台面。

六、实验注意事项

1. 阀门开关要缓慢调节，防止用力过大损坏阀门。
2. 设备不要放置到太阳可照射到的位置，有机玻璃长时间照射易变形。
3. 实验结束后要打开水箱底部排空阀排掉水箱里的水，避免污物过多而结垢。
4. 实验台面水渍可用干净抹布擦洗，如有污渍可用酒精涂在干净无水抹布上擦洗。

七、思考题

1. 描述塔板上气液两相接触情况，指出塔板的适宜工作区。
2. 评价塔板性能的主要指标是什么？
3. 气、液两相在塔板上的流动与接触状况有哪些？
4. 定性分析一下液泛和哪些因素有关。

第8章

化工原理研究性实验

实验一　恒沸精馏实验

一、实验目的与内容

1. 了解恒沸精馏的过程与原理。
2. 熟悉设备的构造，掌握恒沸精馏的操作方法。
3. 能够对恒沸精馏过程作全塔物料衡算。

二、实验原理

在常压下，用常规精馏方法分离乙醇-水溶液，最高只能得到质量分数为 95.57% 的乙醇。这是乙醇与水形成恒沸物的缘故，其恒沸点为 78.15℃，与乙醇沸点 78.30℃ 十分接近，形成的是均相最低恒沸物。而质量分数 95% 左右的乙醇常称为工业乙醇。

由工业乙醇制备无水乙醇，可采用恒沸精馏的方法。实验室中恒沸精馏过程的研究，包括以下几个内容：

（1）夹带剂的选择

恒沸精馏成败的关键在于夹带剂的选取，一个理想的夹带剂应该满足：

① 必须至少与原溶液中一个组分形成最低恒沸物，此恒沸物比原溶液中任一组分的沸点或原来的恒沸点低 10℃ 以上。

② 在形成的恒沸物中，夹带剂的含量应尽可能少，以减少夹带剂的用量，节省能耗。

③ 回收容易，一方面，希望形成的最低恒沸物是非均相恒沸物，可以减少分离恒沸物所需要的萃取操作等；另一方面，在溶剂回收塔中，应该与其他物料有相当大的挥发度差异。

④ 应具有较小的汽化潜热，以节省能耗。

⑤ 价廉、来源广、无毒、热稳定性好与腐蚀性小等。

用工业乙醇制备无水乙醇，适用的夹带剂有苯、正己烷、环己烷、乙酸乙酯等。它们都能与水-乙醇形成多种恒沸物，而且其中的三元恒沸物在室温下又可以分为两相，一相富含夹带剂，另一相富含水，前者可以循环使用，后者又很容易分离出来，这样使得整个分离过程大为简化。表 8-1 给出了几种常用的夹带剂及其形成三元恒沸物的有关数据。

表 8-1 常压下夹带剂与水、乙醇形成三元恒沸物的数据

组分			各纯组分沸点/℃			恒沸温度/℃	恒沸组成（质量分数）/%		
1	2	3	1	2	3		1	2	3
乙醇	水	苯	78.3	100	80.1	64.85	18.50	7.40	74.10
乙醇	水	乙酸乙酯	78.3	100	77.1	70.23	8.40	9.00	82.60
乙醇	水	环己烷	78.3	100	80.0	62.50	4.80	19.70	75.50
乙醇	水	正己烷	78.3	100	68.7	56.00	11.98	3.00	85.02

本实验采用正己烷为恒沸剂制备无水乙醇。当正己烷被加入乙醇-水系统以后可以形成四种恒沸物，一是乙醇-水-正己烷三者形成一个三元恒沸物，二是它们两两之间又可形成三个二元恒沸物。它们的恒沸物性质如表 8-2 所示。

表 8-2 乙醇-水-正己烷三元系统恒沸物性质

物系	恒沸点/℃	恒沸组成（质量分数）/%			在恒沸点分相液的相态
		乙醇	水	正己烷	
乙醇-水	78.15	95.57	4.43	0.00	均相
水-正己烷	61.55	0.00	5.60	94.40	非均相
乙醇-正己烷	58.68	21.02	0.00	78.98	均相
乙醇-水-正己烷	56.00	11.98	3.00	85.02	非均相

（2）决定精馏区

具有恒沸物系统的精馏过程与普通精馏不同，表现在精馏产物不仅与塔的分离能力有关，而且与进塔总组成落在哪个浓度区域有关。因为精馏塔中的温度沿塔向上是逐板降低，不会出现极值点。只要塔的分离能力（回流比、塔板数）足够大，塔顶产物可为温度曲线上的最低点，塔底产物可为温度曲线上的最高点。因此，当温度曲线在全浓度范围内出现极值点时，该点将成为精馏路线通过的障碍。于是，精馏产物按混合液的总组成分区，称为精馏区。

当添加一定数量的正己烷于工业乙醇中蒸馏时，整个精馏过程可以用图 8-1 加以说明。图上 A、B、W 分别表示乙醇、正己烷和水的纯物质，C、D、E 分别代表三个二元恒沸物，T 为 A-B-W 三元恒沸物。曲线 BNW 为三元混合物在 25℃ 时的溶解度曲线。曲线以下为两相共存区，以上为均相区，该曲线受温度的影响而上下移动。图中的三元恒沸物组成点 T 室温下处在两相区内。

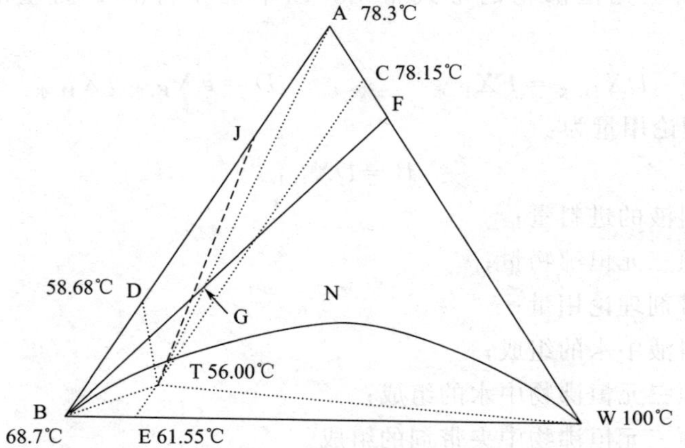

图 8-1　恒沸精馏原理图

以 T 为中心，连接三种纯物质 A、B、W 和三个二元恒沸组成点 C、D、E，则该三角形相图被分成 6 个小三角形。当塔顶混相回流（即回流液组成与塔顶上升蒸气组成相同）时，如果原料液的组成落在某个小三角形内，那么间歇精馏的结果只能得到这个小三角形三个顶点所代表的物质。为此要想得到无水乙醇，就应保证原料液的总组成落在包含顶点 A 的小三角形内。但由于乙醇-水的二元恒沸点与乙醇沸点相差极小，仅 0.15℃，很难将两者分开，而乙醇-正己烷的恒沸点与乙醇的沸点相差 19.62℃，很容易将它们分开，所以只能将原料液的总组成配制在三角形 ATD 内。

图 8-1 中 F 代表乙醇-水混合物的组成，随着夹带剂正己烷的加入，原料液的总组成将沿着 FB 线而变化，并将与 AT 线相交于 G。这时，夹带剂的加入量称作理论恒沸剂用量，它是达到分离目的所需最少的夹带剂用量。如果塔有足够的分离能力，则间歇精馏时三元恒沸物从塔顶馏出，釜液组成就沿着 TA 线向 A 点移动。但实际操作时，往往总使夹带剂过量，以保证塔釜脱水完全。这样，当塔顶三元恒沸物 T 出完以后，接着出沸点略高于它的二元恒沸物，最后塔釜得到无水乙醇，这就是间歇操作特有的效果。

倘若将塔顶三元恒沸物（图 8-1 中 T，56.00℃）冷凝后分成两相。一相为油相，富含正己烷，一相为水相，利用分层器将油相回流，这样正己烷的用量可以低于理论夹带剂的用量。分相回流也是实际生产中普遍采用的方法。它的突出优点是夹带剂用量少，夹带剂提纯的费用低。

（3）夹带剂的加入方式

夹带剂一般可随原料一起加入精馏塔中，若夹带剂的挥发度比较低，则应在加料板的上部加入，若夹带剂的挥发度比较高，则应在加料板的下部加入，目的是保证全塔各板上均有足够浓度的夹带剂。

（4）恒沸精馏操作方式

恒沸精馏既可用于连续操作，又可用于间歇操作。

（5）夹带剂用量的确定

夹带剂理论用量的计算可利用三角形相图按物料平衡式求得。若原溶液的组成为 F，加入夹带剂 B 以后，物系的总组成将沿 FB 线向着 B 点方向移动。当物系的总组成移到 G

时，恰好能将水以三元恒沸物的形式带出，以单位原料液 F 为基准，对水作物料衡算，得：

$$DX_{D,水} = FX_{F,水} \qquad D = FX_{F,水} / X_{D,水}$$

夹带剂 B 的理论用量为：

$$B = DX_{D,B}$$

式中
F ——原料液的进料量；

D ——塔顶三元恒沸物量；

B ——夹带剂理论用量；

$X_{F,水}$ ——原料液中水的组成；

$X_{D,水}$ ——塔顶三元恒沸物中水的组成；

$X_{D,B}$ ——塔顶三元恒沸物中夹带剂的组成。

三、实验装置

本实验所用的精馏塔为塔径 $\phi 20mm$，塔高 1000mm 的玻璃塔。内部上层装有 θ 网环型 $\phi 3mm \times 3mm$ 的高效散装填料，下部装有三角网环型的高效散装填料（图 8-2）。

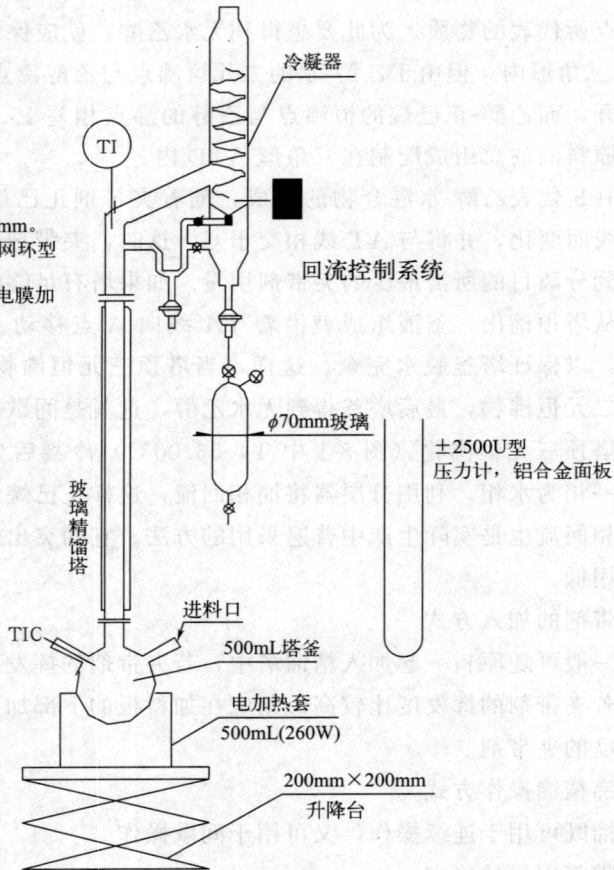

恒沸玻璃精馏塔
1. 塔节 $\phi 25mm \times 1200mm$。
2. 内填 $\phi 3mm \times 3mm \theta$ 网环型 316L 不锈钢填料。
3. 塔体外壁为两段导电膜加热保温。

TI

冷凝器

回流控制系统

$\phi 70mm$ 玻璃

±2500U型
压力计，铝合金面板

玻璃精馏塔

TIC

进料口

500mL塔釜

电加热套
500mL(260W)

200mm×200mm
升降台

图 8-2　恒沸精馏实验装置图

　　塔釜为一只结构特殊的三口烧瓶。上口与塔身相连，侧口用于投料和采样，下口为出料口，釜侧玻璃套管插入一只测温热电阻，用于测量塔釜液相温度，釜底玻璃套管装有电加热棒，采用电加热，加热釜料，并通过一台自动控温仪控制加热温度，使塔釜的传热量基本保持不变。塔釜加热沸腾后产生的蒸气经填料层到达塔顶冷凝器。为了满足各种不同操作方式的需要，在冷凝器与回流管之间设置了一个特殊构造的容器。在进行分相回流时，它可以用作分相器兼回流比调节器；当进行混相回流时，它又可以单纯地作为回流比调节器使用。这样的设计既实现了连续精馏操作，又可进行间歇精馏操作。

　　在进行分相回流时，分相器中会出现两层液体，上层为富正己烷相，下层为富水相。实验中，富正己烷相由溢流口回流入塔，富水相则采出。当间歇操作时，为了保证有足够高的溢流液位，富水相可在实验结束后采出。

四、实验操作步骤

　　(1) 在加热釜中加入 150mL 95.5% 乙醇，然后再加入 225mL 正己烷作为共沸剂，形成混合溶液（夹带剂的用量略高于理论用量）。

　　(2) 在加热釜中加入适量的沸石，防止加热时暴沸。

　　(3) 将加热釜固定在精馏塔底部，调节加热炉高度至烧瓶底部。

　　(4) 将温控仪表的加热温度设定为 100℃，开启加热开关，调节电流至 0.5A。

　　(5) 开启塔身保温开关，调节电流为 0.2A。开启冷凝器冷却水。

　　(6) 加热约 10min 后，烧瓶内开始沸腾，蒸气沿塔上升，进入冷凝器进行冷凝。

　　(7) 冷凝液在冷凝器中静置分层，上层为油相，下层为水相，约 15～20min 后，冷凝器中油水相的分界面不再上升，将水相放出，油相回流至精馏塔内。

　　(8) 设定回流比为 2∶1，开启回流电磁阀，打开冷凝器回流阀门。

　　(9) 约 40min 后，塔釜温度升至 80℃ 时，釜底取样测量釜液组成，油水两相分别取样测量物料成分。

　　(10) 实验完成后，将加热电流调零，再依次关闭塔釜加热开关、塔节保温开关、冷凝水和总电源。

五、思考题

　　1. 如何计算夹带剂的加入量？

　　2. 具体的全塔衡算方法是什么？

恒沸精馏实验装置

实验二　多功能膜分离实验

一、实验目的与内容

1. 了解不同膜分离工艺的原理、设备及流程。

2. 掌握微滤、超滤、反渗透和纳滤的适用范围和对象。

二、实验原理

1. 微滤（MF）

微滤膜的微孔直径为 $0.22\mu m$，当膜的一面遇到具有一定压力、含有一定悬浮颗粒物质的液体时，粒径大于 $0.22\mu m$ 的悬浮颗粒物质就被截留在膜的一面，粒径小于 $0.22\mu m$ 的悬浮颗粒物质与水分子一起透过微滤膜排出，从而达到分离水体中部分悬浮颗粒物质的目的。

实验采用含有少量悬浮颗粒物质的水进行实验，通过测定进水和出水的浊度来表示微滤膜的处理效果。

2. 超滤（UF）

超滤膜的微孔直径在 $10nm\sim0.1\mu m$，截留分子量在 2 万～5 万范围，根据需要进行选择。当膜的一面遇到具有一定压力、含有一定量颗粒物质的溶液时，粒径大于膜孔径的颗粒物质就被截留在膜的一面。为了防止被截留下来的颗粒物质越来越多而堵塞滤膜，往往采用动态过滤的方法进行超滤，即在进行超滤的同时，利用一股液体流连续冲刷膜表面的截留物，以保持超滤膜表面始终具有良好的通透性。因此，超滤膜设备的出水有两股，一股为超滤液（净水），一股为浓缩液（浓水）（图 8-3）。

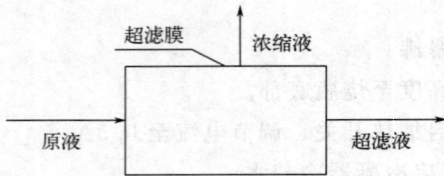

图 8-3　超滤示意图

超滤膜可以截留溶液中的细菌、病毒、热源、蛋白质、胶体、大分子有机物等等。实验采用含有少量染料物质的水，通过测定进水、"净水"和"浓水"的色度变化来表示超滤膜的处理效果。

3. 反渗透（RO）

反渗透膜的孔径在 $0.1\sim1nm$ 之间。反渗透技术利用高压液体的高压作用，克服渗透膜的渗透压，使溶液中水分子逆方向渗透过渗透膜到达离子浓度较低的一端，从而达到去除溶液中大部分离子的目的。

为了防止被截留下来的其他离子越积越多而堵塞 RO 膜，同样采用动态的方法来进行反渗透，即在进行反渗透的同时，利用一股液体流连续冲刷膜表面的截留物，以保持反渗透膜表面始终具有良好的通透性。因此，反渗透设备的出水也有两股，一股为透过液（净水），一股为截留物液（浓水）（图 8-4）。

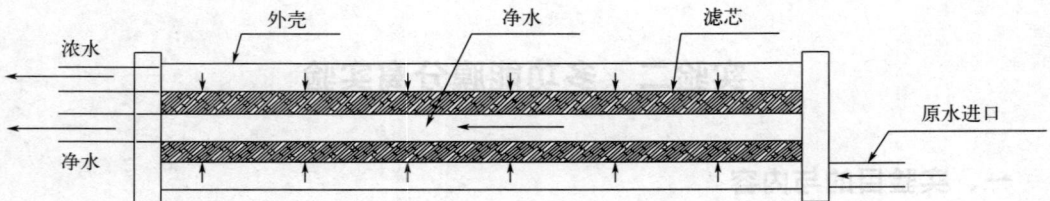

图 8-4　反渗透膜工作示意图

采用自来水进行实验，用在线电导仪测定进水、"净水"和"浓水"的电导率变化，表示反渗透膜的处理效果。

4. 纳滤（NF）

纳滤膜的孔径范围介于反渗透膜和超滤膜之间。纳滤技术是从反渗透技术中派生出来的一种膜分离技术，是超低压反渗透技术的延续和发展分支。一般认为，纳滤膜存在着纳米级的细孔，可以截留 95％的最小分子约为 1nm 的物质。

纳滤膜的特点在于较低的反渗透压和较高的膜通透性，因此，它可以节能；通过纳滤膜的反渗透作用，可以去除多价的离子，保留部分对人体有益的低价矿物离子。

为了防止被截留下来的其他离子越积越多而堵塞 NF 膜，同样采用动态的方法来进行纳滤，即在进行反渗透的同时，利用一股液体流连续冲刷膜表面的截留物，以保持纳滤膜表面始终具有良好的通透性。因此，纳滤设备的出水也有两股，一股为透过液（净水），一股为截留物液（浓水）。

直接采用自来水进行实验，用在线电导仪来测定进水、"净水"和"浓水"的电导率变化，来表示纳滤膜的处理效果。可以采用原子吸收仪或其他的化学方法来测定反渗透出水与纳滤膜出水中的单价离子，二者加以比较，就可以知道纳滤膜出水中保留了比反渗透出水中更多的有益矿物离子。

评价模性能优劣的主要指标是截留率和渗透通量。

$$R = \frac{C_1 - C_2}{C_1} \qquad\qquad C_1 = \frac{V}{A\tau}$$

三、实验装置

实验装置如图 8-5 所示。

四、实验物料配比方法

1. 微滤实验用水的准备

对于微滤过程，可选用 1％左右浓度的碳酸钙溶液作为实验采用的料液。透过液用烧杯接取，观察它随料液浓度或流量变化，透过液侧清澈程度的变化。

2. 反渗透实验用水的准备

反渗透可分离分子量为 100 的离子，学生实验自来水为料液，浓度分析采用电导率仪，即分别取各样品测取电导率值，然后比较相对数值即可（也可根据实验前做得的浓度-电导率值标准曲线获取浓度值）。

3. 超滤实验用水的准备

本装置中的超滤孔径可分离分子量为 5 万的大分子，学生实验选用分子量为 6.7 万～6.8 万的牛血清白蛋白配成 0.02％的水溶液作为料液。

4. 纳滤实验用水的准备

纳滤实验用水的准备与反渗透实验用水的准备完全一样。

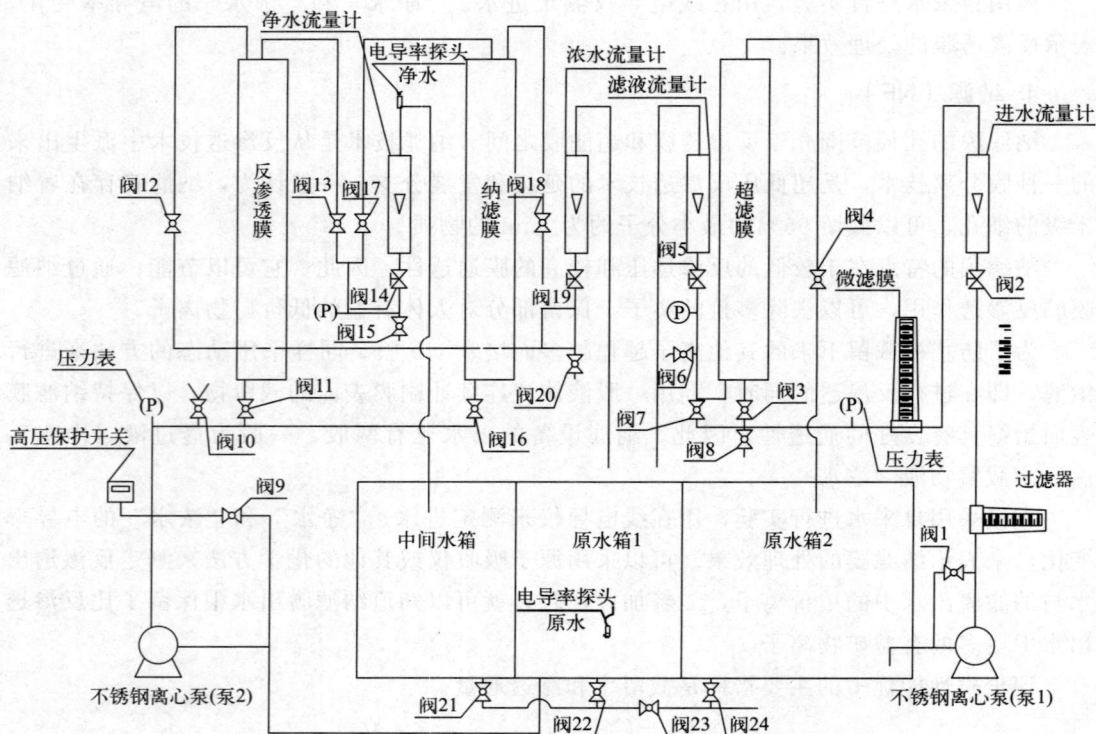

图 8-5　多功能膜分离实验装置

五、实验操作步骤

根据上述的工艺流程图结合实际的实验设备，仔细了解设备的管路连接、流通方向、取样位置，各个阀门的控制功能，各个压力表所指示的位置，电气控制箱中各控制开关所控制的对象，各显示仪表所对应的检测点。

1. 微滤实验

（1）向原水箱 2 中加入自来水，液位达到水箱液位的 3/4。

（2）向水箱中加入适量碳酸钙，配成浓度为 0.01%～0.02% 的碳酸钙溶液（原水浓度可根据浊度计的量程做适当调整），充分搅拌均匀后取样测量原水浊度。

（3）关闭所有阀门。

（4）全开阀 2、阀 5、阀 7，半开阀 1。

（5）打开电源开关，开启泵 1，调节阀 2，控制进水流量。

（6）观察滤液流量计，无气泡且有滤液排出后，稳定运行 1～2min，从阀 6 对滤液进行取样，测量滤液的浊度。

（7）改变微滤进水流量，对微滤出水进行取样。

（8）实验结束后关闭泵 1，关闭本次实验使用的阀门，关闭电源开关。打开水箱排空阀 24，排走水箱中的液体，然后把水箱清洗干净。

2. 超滤实验

（1）向原水箱 2 中加入自来水，液位达到水箱液位的 3/4。

（2）向水箱中加入适量牛血清白蛋白，配成 0.02％的水溶液，充分搅拌均匀后取样。

（3）关闭所有阀门。

（4）全开阀 2、阀 3、阀 4、阀 5，半开阀 1。

（5）打开电源开关，开启泵 1，调节阀 2，控制进水流量。调节阀 4，使超滤膜的工作压力控制在 0.1MPa。

（6）观察滤液流量计，无气泡且有滤液排出后，稳定运行 1～2min，从阀 6 对滤液进行取样，用分光光度计测量滤液的浓度。

（7）调节阀 4，改变过滤压力，对超滤出水进行取样测量。

（8）实验结束后关闭泵 1，关闭本次实验使用的阀门，关闭电源开关。打开水箱排空阀 24，排走水箱中的液体，然后把水箱清洗干净。

3. 反渗透单元实验

（1）向原水箱 1 中加入自来水，液位达到水箱液位的 3/4。

（2）关闭所有阀门。

（3）全开阀 11、阀 12、阀 13、阀 14，阀 19，半开阀 9。

（4）打开电源开关，开启泵 2，调节阀 12，使反渗透膜的工作压力控制在 0.2MPa。

（5）观察净水流量计，无气泡且有滤液排出后，观察净水电导率的变化情况（实验过程中确保原水箱 1 中水位正常），当净水电导率稳定后，记录原水和净水电导值。

（6）调节阀 12，改变反渗透膜的工作压力，重复步骤(5)。

（7）实验结束后关闭泵 2，关闭本次实验使用的阀门，关闭电源开关。打开水箱排空阀 22、阀 23，排走水箱中的液体。

4. 纳滤单元实验

（1）向原水箱 1 中加入自来水，液位达到水箱液位的 3/4。

（2）关闭所有阀门。

（3）全开阀 14、阀 16、阀 17、阀 18、阀 19，半开阀 9。

（4）打开电源开关，开启泵 2，调节阀 18，使纳滤膜的工作压力控制在 0.2MPa。

（5）观察净水流量计，无气泡且有滤液排出后，观察净水电导率的变化情况（实验过程中确保原水箱 1 中水位正常），当净水电导率稳定后，记录原水和净水电导值。

（6）调节阀 18，改变纳滤膜的工作压力，重复步骤(5)。

（7）实验结束后关闭泵 2，关闭本次实验使用的阀门，关闭电源开关。打开水箱排空阀 22、阀 23，排走水箱中的液体。

六、注意事项

1. 每个单元分离过程前，应用清水彻底清洗水箱和管道回路，方可进行实验。对于微滤组件可拆开膜外壳，直接清洗滤芯；对于超滤、纳滤、反渗透膜组件则不可打开，否则膜组件和管路重新连接后可能造成漏水情况发生。

2. 每一学期的实验课程结束后，先用清水清洗管路，然后在原水箱中配制 0.5％～

1%浓度的甲醛溶液，用水泵逐个将保护液打入各膜组件中，使膜组件浸泡在保护液中。

七、思考题

1. 超滤实验中如果操作压力过高或流量过大会有什么结果？
2. 比较超滤与反渗透的优缺点。

实验三　填料精馏塔等板高度的测定

一、实验目的与内容

1. 观察填料精馏塔精馏过程气、液流动现象。
2. 了解回流比对精馏操作的影响。
3. 掌握测定填料等板高度的实验方法。

二、实验原理

精馏是用来分离液体混合物的一种重要单元操作。精馏的主要设备——精馏塔分为两大类：填料塔和板式塔。填料塔又称为微分接触传质设备。填料为填料塔的最主要构件，到目前为止，工业上使用的填料已有十多种。塔中两相传质的好坏主要由填料性能以及气、液两相流量所决定。气、液两相在填料塔内逆流接触，随着气、液流量的变化，塔内流动状态也发生变化。当液体流量（精馏的回流量）一定时，气体流速增加，填料塔内持液量增加，填料塔内液膜急剧增厚，压力降急剧增加，当气速增加至某一值时，塔内某一填料断面开始拦液，此种现象称为拦液现象，开始发生拦液现象时的空塔速度称为载点气速。如果气速继续增大，则填料层内持液量不断增加以至于最终液体充满全塔，此种现象称为液泛。此时的空塔速度称为液泛速度（注意观察液泛现象）。正常操作的空塔速度应为液泛速度的 50%～80%。

精馏操作可分为连续、间歇、闪蒸和简单蒸馏等几种。连续精馏是在精馏塔的中部连续加入原料液，而在塔顶和塔釜分别不断得到较纯的易挥发组分和较纯的难挥发组分，操作稳定的标志是塔内各截面上温度、浓度均不随时间而变。这是一种最常用的操作方式。其他几种精馏操作只在特定条件下使用。

在填料塔设计中，常常需要所用填料的等板高度的数据。填料的等板高度是指汽（气）液两相经过一段填料作用后，其分离能力等于一个理论塔板的分离能力，这段填料的高度称为理论板当量高度，又称等板高度。因此，根据分离所需的理论塔板数和等板高度，即可求出填料的实际高度：

$$H = H_e N_T$$

式中　H——填料实际高度，m；

　　　H_e——填料等板高度，m；

N_T ——所需理论塔板数。

填料的等板高度取决于填料的种类、形状和尺寸，气、液两相的物性，流速等等。填料的等板高度多在全回流操作时用实验测定。在全回流操作时，当塔顶、塔釜温度稳定后，从塔顶、塔釜取样，经气相色谱（或阿贝折射仪）分析样品浓度。对于双组分混合液蒸馏，利用芬斯克（Fenske）方程或阶梯图求全回流下的理论塔板数。芬斯克（Fenske）方程为：

$$N_{\min} + 1 = \frac{\lg\left[\left(\dfrac{x_A}{x_B}\right)_D \left(\dfrac{x_B}{x_A}\right)_W\right]}{\lg \overline{\alpha}}$$

式中　$N_{\min}$ ——全回流时的理论塔板数；

$\left(\dfrac{x_A}{x_B}\right)_D$ ——塔顶易挥发组分与难挥发组分摩尔比；

$\left(\dfrac{x_B}{x_A}\right)_W$ ——塔釜难挥发组分与易挥发组分摩尔比；

$\overline{\alpha}$ ——全塔平均相对挥发度。

理论塔板数还可以从 y-x 图上作阶梯求出。

在部分回流的精馏操作中，可由芬斯克方程和吉利兰图，或 y-x 图上作阶梯求理论塔板数。

三、实验装置

实验装置的主体是一套玻璃精馏柱，塔径 30mm，外有镀银真空保温夹套。精馏段高 500mm，提馏段高 500mm。蒸馏釜容积为 5000mL，柱内装有 3mm×3mm 的不锈钢压延环填料，用不锈钢作填料支承，实验装置如图 8-6 所示。

柱顶分馏头冷凝器旁有一分液装置，用时间继电器控制回流和产品的量。它通过软铁芯和外壁的电磁铁来操纵开关。塔釜取样装置可以连续取出塔釜气相样。

四、实验操作步骤

（1）熟悉实验装置及流程，弄清各部分的作用。

（2）检查调压器和塔釜加热器之间的电路。检查塔顶冷却水的水流通道，接通水路，保持塔顶冷凝器在工作状态时再接通电路。

（3）调节回流比至全回流状态，调节变压器电压在 220V 左右，观察塔内气、液流动状态，若出现液泛现象，降低电压至液泛消失。

（4）保持电压在某一定值，操作控制在全回流下。当塔顶和塔釜温度稳定后，由常压乙醇水溶液的温度-组成平衡数据查出样品组成。

（5）改变回流比大小，重复第(4)步实验内容。

（6）实验结束后，将调压器调至零，切断电源，待塔釜温度降至 80℃ 以下，无沸腾现象后，停止供塔顶冷却水。

五、思考题

1. 如何判断精馏塔操作是否稳定？它受哪些因素影响？

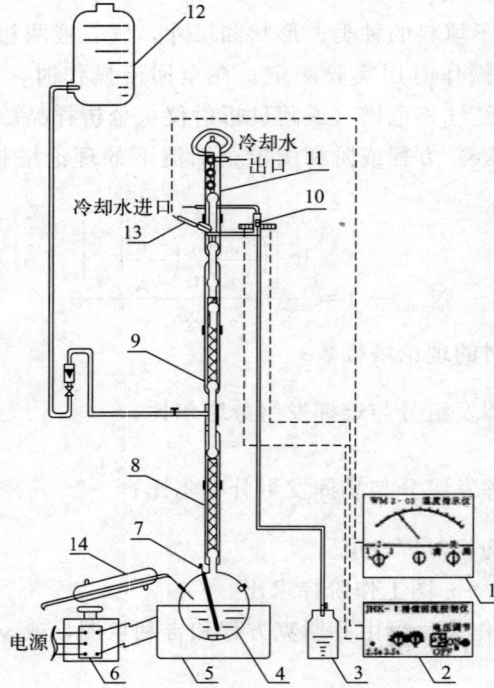

图 8-6　填料精馏塔等板高度测定实验装置

1—温度指示仪；2—回流控制仪；3—塔顶取样瓶；4—塔釜；5—恒温加热包；6—电源；

7—温度计；8—精馏柱提馏段；9—精馏柱精馏段；10—时间继电器；11—塔顶冷却装置；

12—原料储罐；13—温度计；14—塔釜取样装置

2. 当应用传质单元高度表示填料的分离效果时，应如何处理数据？

3. 试分析影响填料等板高度（或填料传质单元高度）的因素有哪些。

参考文献

［1］ 张金利，郭翠梨，胡瑞杰，等．化工原理实验［M］.2版．天津：天津大学出版社，2016.

［2］ 都健，王瑶，王刚．化工原理实验［M］.北京：化学工业出版社，2017.

［3］ 张金利，郭翠梨，胡瑞杰，等．化工原理实验［M］.2版．天津：天津大学出版社，2016.

［4］ 叶长燊，李玲，施小芳，等．化工原理实验［M］.北京：化学工业出版社，2022.

［5］ 赵清华，谭怀琴，白薇扬，等．化工原理实验［M］.北京：化学工业出版社，2017.

［6］ 尹志芳，王锋，曾永林，等．化工原理实验中双纵坐标图的绘制方法［J］.教育教学论坛，2018，（21）：185-186.

［7］ 蒲艳玲．化学化工实验数据处理方式的若干研究［J］.化工设计通讯，2016，42（4）：166-169.

［8］ 程振平，赵宜江．化工原理实验［M］.南京：南京大学出版社，2017.

［9］ 高宝杰．化工原理实验数据处理方法探究［J］.民营科技，2015，（10）：59.

［10］ 董灵光．化工原理实验数据处理方法探究［J］.价值工程，2011，30（22）：230.

［11］ 礼彤．化工原理实验［M］.北京：中国医药科技出版社，2019.

参考文献